인간공학
기사 2판

실기문제풀이편

인간공학
기사 2판

실기문제풀이편

초판 발행 2021년 10월 31일
2판 발행 2023년 7월 31일
2판 2쇄 발행 2024년 8월 10일

감 수 김유창
지은이 세이프티넷 인간공학기사/기술사 연구회
펴낸이 류원식
펴낸곳 교문사

편집팀장 성혜진 | **책임진행** 윤지희 | **디자인** 신나리 | **본문편집** 북이데아

주소 10881, 경기도 파주시 문발로 116
대표전화 031-955-6111 | **팩스** 031-955-0955
홈페이지 www.gyomoon.com | **이메일** genie@gyomoon.com
등록번호 1968.10.28. 제406-2006-000035호

ISBN 978-89-363-2511-4 (13530)
정가 20,000원

ENGINEER **ERGONOMICS**

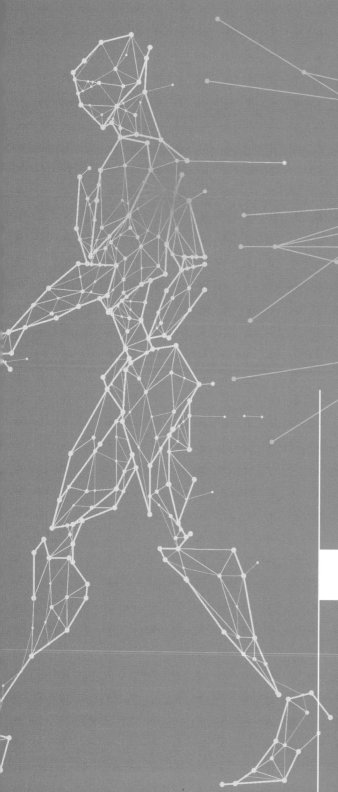

인간공학
기사 2판

실기문제풀이편

김유창 감수
세이프티넷 인간공학기사/기술사 연구회 지음

교문사

머리말

2005년 인간공학기사/기술사 시험이 처음 시행되었습니다. 인간공학기사/기술사 제도로 인간공학이 일반사람에게 알려지는 계기가 되었으며, 각 사업장마다 인간공학이 뿌리를 내리면서 안전하고, 아프지 않고, 그리고 편안하게 일하는 사업장이 계속해서 생길 것입니다.

2005년부터 지금까지 오랜 기간 동안 인간공학기사 시험이 시행되었기 때문에 충분히 많은 인간공학 실기 문제가 확보되었습니다. 이에 문제풀이 위주로 공부하는 독자들이 인간공학기사 실기 문제풀이 책의 출간을 요청하여, 본 교재를 출간하게 되었습니다. 본 교재의 구성은 연도별 기출문제를 기준으로 정리하였습니다.

인간공학의 기본철학은 작업을 사람의 특성과 능력에 맞도록 설계하는 것입니다. 지금까지 한국의 인간공학은 단지 의자, 침대와 같은 생활도구의 설계 등에 적용되어 왔으나, 최근에는 근골격계질환, 인간실수 등의 문제해결을 위해 인간공학이 작업장에서 가장 중요한 문제로 대두되고 있습니다. 이에 정부, 산업체, 그리고 학계에서는 인간공학적 문제해결을 위한 전문가를 양성하기 위해 인간공학기사/기술사 제도를 만들게 되었습니다. 이제 한국도 선진국과 같이 고가의 장비나 도구보다도 작업자가 더 중요시되는 시대를 맞이하고 있습니다.

인간공학은 학문의 범위가 넓고 국내에 전파된 지도 오래되지 않은 새로운 분야이며, 인간공학을 응용하기 위해서는 학문적 지식을 바탕으로 한 다양한 경험을 동시에 필요로 합니다. 이러한 이유로 그동안 인간공학 전문가의 배출이 매우 제한되어 있었습니다. 그러나 인간공학기사/기술사 제도는 올바른 인간공학 교육방향과 발전에 좋은 토대가 될 것입니다.

한국에서는 인간공학 전문가제도가 정착단계이지만, 일부 선진국에서는 이미 오래전부터 이 제도를 시행해 오고 있습니다. 선진국에서 인간공학 전문가는 다양한 분야에서 활발히 활동하고 있으며, 한국에서도 인간공학기사/기술사 제도를 하루빨리 선진국과 같이 한국의 실정에 맞도록 만들어 나가야 할 것입니다.

Preface

본 저서의 특징은 새로운 원리의 제시에 앞서 오랜 기간 동안 인간공학을 연구하고 적용하면서 모아온 많은 문헌과 필요한 자료들을 정리하여 인간공학기사 실기시험 대비에 시간적 제약을 받고 있는 수험생들에게 시험대비 교재로서 활용되도록 하였습니다. 특히, 본 저서는 짧은 시간 동안에 인간공학기사 실기 문제풀이 교재를 집필하여 미비한 점이 다소 있으리라 생각됩니다. 그렇기 때문에 앞으로 거듭 보완해 나갈 것을 약속드립니다. 독자 여러분께서 세이프티넷(http://cafe.naver.com/safetynet)의 인간공학기사/기술사 연구회 커뮤니티에 의견과 조언을 주시면 그것을 바탕으로 독자들과 함께 책을 만들어 나갈 생각입니다.

본 교재의 출간으로 많은 인간공학기사가 배출되어 "작업자를 위해 알맞게 설계된 인간공학적 작업은 모든 작업의 출발점이어야 한다."라는 철학이 작업장에 뿌리내렸으면 합니다.

본 저서의 초안을 만드는 데 도움을 준 안대은, 곽희제, 고명혁, 류병욱, 최성욱, 이병호 연구원에게 진심으로 감사드립니다. 그리고 세이프티넷의 여러 회원의 조언과 관심에 대하여 감사드립니다. 또한, 본 교재가 세상에 나올 수 있도록 기획에서부터 출판까지 물심양면으로 도움을 주신 교문사 관계자 여러분께도 심심한 사의를 표합니다.

2023년 7월
수정산 자락 아래서 안전하고 편안한 인간공학적 세상을 꿈꾸면서

김 유 창

인간공학기사 자격안내

1. 개 요

국내의 산업재해율 증가에 있어 근골격계질환, 뇌심혈관질환 등 작업관련성 질환에 의한 증가현상이 특징적이며, 특히 단순반복 작업, 중량물 취급작업, 부적절한 작업자세 등에 의하여 신체에 과도한 부담을 주었을 때 나타나는 요통, 경견완장해 등 근골격계질환은 매년 급증하고 있고, 향후에도 지속적인 증가가 예상됨에 따라 동 질환예방을 위해 사업장 관련 예방 전문기관 및 연구소 등에 인간공학 전문가의 배치가 필요하다.

2. 변천과정

2005년 인간공학기사로 신설되었다.

3. 수행직무

작업자의 근골격계질환 요인분석 및 예방교육, 기계, 공구, 작업대, 시스템 등에 대한 인간공학적 적합성 분석 및 개선, OHSMS 관련 인증을 위한 업무, 작업자 인간과오에 의한 사고분석 및 작업환경 개선, 사업장 자체의 인간공학적 관리규정 제정 및 지속적 관리 등을 수행한다.

4. 응시자격 및 검정기준

(1) 응시자격

인간공학기사 자격검정에 대한 응시자격은 다음과 각 호의 1에 해당하는 자격요건을 가져야 한다.

가. 산업기사 자격을 취득한 후 응시하고자 하는 종목이 속하는 동일직무 분야에서 1년 이상 실무에 종사한 자

나. 기능사 자격을 취득한 후 응시하고자 하는 종목이 속하는 동일직무 분야에서 3년 이상 실무에 종사한 자

다. 다른 종목의 기사자격을 취득한 자

라. 대학졸업자 등 또는 그 졸업예정자(4학년에 재학 중인 자 또는 3학년 수료 후 중퇴 자를 포함한다.)

마. 전문대학 졸업자 등으로서 졸업 후 응시하고자 하는 종목이 속하는 동일직무 분야 에서 2년 이상 실무에 종사한 자

바. 기술자격 종목별로 산업기사의 수준에 해당하는 교육훈련을 실시하는 기관으로서 고용노동부령이 정하는 교육훈련 기관의 기술훈련 과정을 이수한 자로서 이수 후 동일직무 분야에서 2년 이상 실무에 종사한 자

사. 기술자격 종목별로 기사의 수준에 해당하는 교육훈련을 실시하는 기관으로서 고용노 동부령이 정하는 교육훈련 기관의 기술훈련 과정을 이수한 자 또는 그 이수예정자

아. 응시하고자 하는 종목이 속하는 동일직무 분야에서 4년 이상 실무에 종사한 자

자. 외국에서 동일한 등급 및 종목에 해당하는 자격을 취득한 자

차. 학점인정 등에 관한 법률 제8조의 규정에 의하여 대학졸업자와 동등 이상의 학력 을 인정받은 자 또는 동법 제7조의 규정에 의하여 106학점 이상을 인정받은 자(고 등교육법에 의거 정규대학에 재학 또는 휴학 중인 자는 해당되지 않음)

카. 학점인정 등에 관한 법률 제8조의 규정에 의하여 전문대학 졸업자와 동등 이상의 학력을 인정받은 자로서 응시하고자 하는 종목이 속하는 동일직무 분야에서 2년 이상 실무에 종사한 자

(2) 검정기준

인간공학기사는 인간공학에 관한 공학적 기술이론 지식을 가지고 설계·시공·분석 등 의 기술업무를 수행할 수 있는 능력의 유무를 검정한다.

5. 검정시행 형태 및 합격결정 기준

(1) 검정시행 형태

인간공학기사는 필기시험 및 실기시험을 행하는데, 필기시험은 객관식 4지 택일형, 실 기시험은 주관식 필답형을 원칙으로 한다.

(2) 합격결정 기준

가. 필기시험: 100점을 만점으로 하여 과목당 40점 이상, 전과목 평균 60점 이상

나. 실기시험: 100점을 만점으로 하여 60점 이상

6. 검정방법(필기, 실기) 및 시험과목

(1) 검정방법

가. 필기시험

① 시험형식: 필기(객관식 4지 택일형)시험 문제

② 시험시간: 검정대상인 4과목에 대하여 각 20문항의 객관식 4지 택일형을 120분 동안에 검정한다(과목당 30분).

나. 실기시험

① 시험형식: 필기시험의 출제과목에 대한 이해력을 토대로 하여 인간공학 실무와 관련된 부분에 대하여 필답형으로 검정한다.

② 시험시간: 2시간 30분(필답형)

(2) 시험과목

인간공학기사의 시험과목은 다음 표와 같다.

인간공학기사 시험과목

검정방법	자 격 종 목	시 험 과 목
필 기 (매 과목 100점)	인간공학기사	1. 인간공학 개론
		2. 작업생리학
		3. 산업심리학 및 관계 법규
		4. 근골격계질환 예방을 위한 작업 관리
실 기 (100점)		인간공학 실무

7. 출제기준

(1) 필기시험 출제기준

필기시험은 수험생의 수험준비 편의를 도모하기 위하여 일반대학에서 공통적으로 가르치고 구입이 용이한 일반교재의 공통범위에 준하여 전공분야의 지식 폭과 깊이를 검정하는 방법으로 출제한다. 시험과목과 주요항목 및 세부항목은 다음 표와 같다.

필기시험 과목별 출제기준의 주요항목과 세부항목

시험과목	출제 문제수	주 요 항 목	세 부 항 목
1. 인간공학 개론	20문항	1. 인간공학적 접근	(1) 인간공학의 정의 (2) 연구절차 및 방법론
		2. 인간의 감각기능	(1) 시각기능 (2) 청각기능 (3) 촉각 및 후각기능
		3. 인간의 정보처리	(1) 정보처리과정 (2) 정보이론 (3) 신호검출이론
		4. 인간기계 시스템	(1) 인간기계 시스템의 개요 (2) 표시장치(Display) (3) 조종장치(Control)
		5. 인체측정 및 응용	(1) 인체측정 개요 (2) 인체측정 자료의 응용원칙
2. 작업생리학	20문항	1. 인체구성 요소	(1) 인체의 구성 (2) 근골격계 구조와 기능 (3) 순환계 및 호흡계의 구조와 기능
		2. 작업생리	(1) 작업 생리학 개요 (2) 대사 작용 (3) 작업부하 및 휴식시간
		3. 생체역학	(1) 인체동작의 유형과 범위 (2) 힘과 모멘트 (3) 근력과 지구력
		4. 생체반응 측정	(1) 측정의 원리 (2) 생리적 부담 척도 (3) 심리적 부담 척도
		5. 작업환경 평가 및 관리	(1) 조명 (2) 소음 (3) 진동 (4) 고온, 저온 및 기후 환경 (5) 교대작업

3. 산업심리학 및 관계 법규	20문항	1. 인간의 심리특성	(1) 행동이론 (2) 주의/부주의 (3) 의식단계 (4) 반응시간 (5) 작업동기
		2. 휴먼 에러	(1) 휴먼에러 유형 (2) 휴먼에러 분석기법 (3) 휴먼에러 예방대책
		3. 집단, 조직 및 리더십	(1) 조직이론 (2) 집단역학 및 갈등 (3) 리더십 관련 이론 (4) 리더십의 유형 및 기능
		4. 직무 스트레스	(1) 직무 스트레스 개요 (2) 직무 스트레스 요인 및 관리
		5. 관계 법규	(1) 산업안전보건법의 이해 (2) 제조물책임법의 이해
		6. 안전보건관리	(1) 안전보건관리의 원리 (2) 재해조사 및 원인분석 (3) 위험성 평가 및 관리 (4) 안전보건실무
4. 근골격계질환 예방을 위한 작업 관리	20문항	1. 근골격계질환 개요	(1) 근골격계질환의 종류 (2) 근골격계질환의 원인 (3) 근골격계질환의 관리방안
		2. 작업관리 개요	(1) 작업관리의 정의 (2) 작업관리절차 (3) 작업개선원리
		3. 작업분석	(1) 문제분석도구 (2) 공정분석 (3) 동작분석
		4. 작업측정	(1) 작업측정의 개요 (2) work-sampling (3) 표준자료
		5. 유해요인 평가	(1) 유해요인 평가 원리 (2) 중량물취급 작업 (3) 유해요인 평가방법 (4) 사무/VDT 작업
		6. 작업설계 및 개선	(1) 작업방법 (2) 작업대 및 작업공간 (3) 작업설비/ 도구 (4) 관리적 개선 (5) 작업공간 설계
		7. 예방관리 프로그램	(1) 예방관리 프로그램 구성요소

(2) 실기시험 출제기준

실기시험은 인간공학 개론, 작업생리학, 작업심리학, 작업설계 및 관련 법규에 관한 전문지식의 범위와 이해의 깊이 및 인간공학 실무능력을 검정한다. 출제기준 및 문항수는 필기시험의 과목과 인간공학 실무에 관련된 필답형 문제를 출제하여 2시간 30분에 걸쳐 검정이 가능한 분량으로 한다. 이에 대한 시험과목과 주요항목 및 세부항목은 다음 표와 같다.

실기시험 출제기준의 주요항목과 세부항목

시험과목	주 요 항 목	세 부 항 목
인간공학 실무	1. 작업환경 분석	(1) 자료분석하기 (2) 현장조사하기 (3) 개선요인 파악하기
	2. 인간공학적 평가	(1) 감각기능 평가하기 (2) 정보처리 기능 평가하기 (3) 행동기능 평가하기 (4) 작업환경 평가하기 (5) 감성공학적 평가하기
	3. 시스템 설계 및 개선	(1) 표시장치 설계 및 개선하기 (2) 제어장치 설계 및 개선하기 (3) 작업방법 설계 및 개선하기 (4) 작업장 및 작업도구 설계 및 개선하기 (5) 작업환경 설계 및 개선하기
	4. 시스템 관리	(1) 안전성 관리하기 (2) 사용성 관리하기 (3) 신뢰성 관리하기 (4) 효용성 관리하기 (5) 제품 및 시스템 안전설계 적용하기
	5. 작업관리	(1) 작업부하 관리하기 (2) 교대제 관리하기 (3) 표준작업 관리하기
	6. 유해요인조사	(1) 대상공정 파악하기
	7. 근골격계질환 예방관리	(1) 근골격계 부담작업조사하기 (2) 증상 조사하기 (3) 인간공학적 평가하기 (4) 근골격계 부담작업 관리하기

차 례

인간공학기사 실기시험 문제풀이

Contents

1 다음을 의미하는 서블릭 기호를 각각 적으시오.

명칭	기호
빈손이동	
고르기	
바로놓기	
쥐기	
검사	

(풀이) **서블릭 기호(therblig symbols)**

명칭	기호
빈손이동	TE
고르기	St
바로놓기	P
쥐기	G
검사	I

2 근골격계질환 유해요인 3가지를 적으시오.

근골격계질환의 원인

근골격계질환의 원인은 다음과 같다.
(1) 반복성
(2) 부자연스러운/취하기 어려운 자세
(3) 과도한 힘
(4) 접촉스트레스
(5) 진동
(6) 온도, 조명 등 기타 요인

3 근골격계질환 예방·관리 프로그램의 시행조건을 기술하시오(단, 고용노동부 장관이 필요하다고 인정하여 근골격계질환 예방·관리 프로그램을 수립하여 시행할 것을 명령한 경우는 제외).

근골격계질환 예방·관리 프로그램 적용대상

근골격계질환 예방·관리 프로그램의 시행조건은 다음과 같다.
(1) 근골격계질환으로 업무상 질병을 인정받은 근로자가 연간 10인 이상 발생한 사업장
(2) 근골격계질환으로 업무상 질병을 인정받은 근로자가 5인 이상 발생한 사업장으로서 그 사업장 근로자수의 10% 이상인 경우

4 현재 표시장치의 C/R비가 5일 때, 좀 더 둔감해지더라도 정확한 조종을 하고자 한다. 다음의 두 가지 대안을 보고 문제를 푸시오.

대안	손잡이 길이	각도	표시장치 이동거리
A	12 cm	30°	1 cm
B	10 cm	20°	0.8 cm

(1) A와 B의 C/R비를 구하시오.

(2) 좀 더 둔감해지더라도 정확한 조종을 하기 위한 A와 B 중 더 나은 대안을 결정하고, 그 이유를 설명하시오.

조종-반응비율(Control-Response Ratio)

(1) C/R비 = $\dfrac{(a/360) \times 2\pi L}{\text{표시장치이동거리}}$

    가. A의 C/R비 = $\dfrac{(30/360) \times 2 \times 3.14 \times 12}{1}$ = 6.28

    나. B의 C/R비 = $\dfrac{(20 \times 360) \times 2 \times 3.14 \times 10}{0.8}$ = 4.36

(2) 대안 및 이유

    가. 정확한 조종에 적합한 대안: A대안

    나. 이유: A와 B의 C/R비를 비교하였을 때, 현재 표시장치의 C/R비 5보다 A의 C/R비 6.28로 더 크므로 민감도가 낮아 정확한 조종을 하기에 적합하다.

5 길브레스가 제안한 것으로 인간이 행하는 손동작에서 분해 가능한 최소한의 기본동작으로 구분하는 것의 명칭을 적으시오.

서블릭 기호

동작연구를 통하여 인간이 행하는 모든 수작업은 18가지의 기본동작으로 구성될 수 있다. 길브레스에 의해 만들어졌으며, 동작내용보다는 동작목적을 중요시 한다.

6 다음 보기에 해당하는 용어를 적으시오.

> 사물에 물리적, 의미적인 특성을 부여하여 사용자의 행동에 관한 단서를 제공하는 것

행동유도성

(1) 사물에 물리적, 의미적인 특성을 부여하여 사용자의 행동에 관한 단서를 제공하는 것을 행동유도성(affordance)이라 한다. 제품에 사용상 제약을 주어 사용 방법을 유인하는 것도 바로 행동유도성에 관련되는 것이다.

(2) 좋은 행동유도성을 가진 디자인은 그림이나 설명이 필요 없이 사용자가 단지 보기만 하여도 무엇을 해야 할지 알 수 있도록 설계되어 있는 것이다. 이러한 행동유도성은 행동에 제약을 가하도록 사물을 설계함으로써 특정한 행동만이 가능하도록 유도하는 데서 온다.

7 평균 오금 길이에 대한 남녀 측정값으로 의자를 조절식 설계를 한다고 할 때 남녀에

대한 각각 조절식 설계를 구하시오. ($Z_{0.95} = 1.65$, 신발의 두께 2.5 cm, 여유 1 cm)

분류	남	여
평균	392 mm	363 mm
표준편차	20.6	19.5

(1) 남자의 범위

    가. 식:

    나. 답:

(2) 여자의 범위

    가. 식:

    나. 답:

(풀이) **인체측정 자료의 응용원칙**

5%ile = 평균−(표준편차×%ile계수)
95%ile = 평균+(표준편차×%ile계수)

(1) 남자의 범위
    가. 식: 5%ile = 392−(1.65×20.6)+35 = 393.01 mm
            95%ile = 392+(1.65×20.6)+35 = 460.99 mm
            단, 35 mm = 신발의 두께 25 mm + 여유 10 mm
    나. 답: 393.01 mm~460.99 mm

(2) 여자의 범위
    가. 식: 5%ile = 363−(1.65×19.5)+35 = 365.83 mm
            95%ile = 363+(1.65×19.5)+35 = 430.18 mm
            단, 35 mm = 신발의 두께 25 mm + 여유 10 mm
    나. 답: 365.83 mm~430.18 mm

8 Fail-safe 설계원칙, Fool-proof 설계원칙, Tamper-proof 설계원칙에 대해 설명하시오.

풀이 **인간-기계 신뢰도 유지방안**

(1) Fool-proof: 인간이 오작동을 하더라도 안전하게 하는 기능으로, 인간이 위험구역에 접근하지 못하게 하는 것(격리, 기계화, Lock장치)

(2) Fail-safe: 시스템의 고장이 있어도 안전사고를 발생시키지 않도록 2중 또는 3중으로 통제를 가하는 것(교대 구조, 중복구조, 하중 경감 구조)

(3) Tamper-proof: 사용자 또는 조작자가 임의로 장비의 안전장치를 제거할 경우, 장비가 작동되지 않도록 하는 안전설계원리

9 중량물의 무게가 12 kg이고, RWL이 15 kg일 때, LI 지수를 구하고, 조치사항을 쓰시오.

풀이 **RWL과 LI**

LI(들기 지수, Lifting Index)

LI = 작업물 무게/ RWL = 12 kg / 15 kg = 0.8

조치사항: 해당 작업의 LI가 1보다 작으므로 작업을 설계/재설계할 필요가 없다.

10 Barnes의 동작경제 원칙 중 신체의 사용에 대한 원칙에 대해 5가지 적으시오.

풀이 **Barnes의 동작경제 원칙 중 신체의 사용에 관한 원칙**

Barnes의 동작경제 원칙 중 신체의 사용에 관한 원칙은 다음과 같다.

(1) 양손은 동시에 동작을 시작하고, 또 끝마쳐야 한다.

(2) 휴식시간 이외에 양손이 동시에 노는 시간이 있어서는 안 된다.

(3) 양팔은 각기 반대방향에서 대칭적으로 동시에 움직여야 한다.

(4) 손의 동작은 작업을 수행할 수 있는 최소 동작 이상을 해서는 안 된다.

(5) 작업자들을 돕기 위하여 동작의 관성을 이용하여 작업하는 것이 좋다.

(6) 구속되거나 제한된 동작 또는 급격한 방향전환보다는 유연한 동작이 좋다.

(7) 작업동작은 율동이 맞아야 한다.

(8) 직선동작보다는 연속적인 곡선동작을 취하는 것이 좋다.

(9) 탄도동작(ballistic movement)은 제한되거나 통제된 동작보다 더 신속·정확·용이하다.

11 인간에러율을 ETA와 같이 정량적으로 평가하기 위한 기법으로 각 사건마다 성공, 실패에 의한 확률 계산하는 분석 방법에 대한 명칭을 적으시오.

풀이 THERP(Technique for Human Error Rate Prediction)

시스템에 있어서 인간의 과오(human error)를 정량적으로 평가하기 위하여 1963년 Swain 등에 의해 개발된 기법이다.

12 어떤 작업의 정미시간은 0.9분이고 1일 8시간 근무시간의 10%를 근무여유율로 하면서 1일 표준 생산량(개)을 구하시오(단, 1일 총 근로시간은 8시간이다).

풀이 **표준시간 구하는 공식 중 내경법**

정미시간 = 0.9분, 근무여유율 = 10%

$$표준시간 = 정미시간 \times \left(\frac{1}{1 - 여유율} \right)$$

$$= 0.9 \times \left(\frac{1}{1 - 0.1} \right) = 1분$$

$$1일\ 표준\ 생산량 = \frac{1일\ 가용\ 생산시간}{표준시간} = \frac{480}{1} = 480개$$

13 동전을 3번 던졌을 때 뒷면이 2번 나오는 경우, 정보량은 얼마인지 계산하시오.

풀이 **정보량**

$$H = \frac{1}{8} \times \log_2 \left(\frac{1}{\frac{1}{8}} \right) + \frac{1}{8} \times \log_2 \left(\frac{1}{\frac{1}{8}} \right) + \frac{1}{8} \times \log_2 \left(\frac{1}{\frac{1}{8}} \right) = 1.125\ \text{bit}$$

14 다음 보기에 해당하는 정량적 표시장치의 명칭을 각각 적으시오.

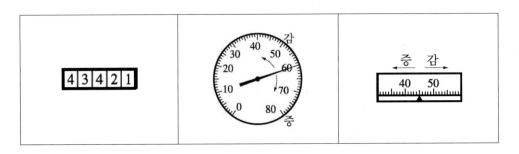

정량적 표시장치

정량적 표시장치의 종류는 다음과 같다.
(1) 계수(digital)형: 전력계나 택시요금 계기와 같이 기계, 전자적으로 숫자가 표시되는 형
(2) 동침(moving pointer)형: 눈금이 고정되고 지침이 움직이는 형
(3) 동목(moving scale)형: 지침이 고정되고 눈금이 움직이는 형

15 다음 보기에 해당하는 법칙을 적으시오.

> 물리적 자극을 상대적으로 판단하는 데 있어 특정 감각의 변화감지역은 기준자극의
> 크기에 비례

웨버의 법칙(Webber's Law)

물리적 자극을 상대적으로 판단하는 데 있어 특정 감각의 변화감지역은 기준자극의 크기에 비례한다. 웨버의 비가 작을수록 분별력이 뛰어나다.

16 다음은 양립성에 대한 예이다. 어떠한 양립성에 해당하는지 쓰시오.

> 자동차 핸들을 오른쪽으로 돌리면 오른쪽으로 움직이고, 왼쪽으로 돌리면 왼쪽으로
> 움직이는 것

운동양립성(Movement compatibility)

조종기를 조작하여 표시장치상의 정보가 움직일 때 반응결과가 인간의 기대와 양립하는 것이다.

17 작업자와 기계가 서로 고장 발생에 영향을 주지않고 개별적으로 각각 검수하는 작업에서 작업자의 오류발생확률이 0.1이고, 기계의 오류발생확률이 0.2일 때 총 신뢰도는 얼마인가 구하시오.

신뢰도

작업자와 기계는 병렬시스템이므로

$$R = 1 - \prod_{i=1}^{n}(1 - R_i) = 1 - (1 - 0.9) \times (1 - 0.8) = 0.98$$

18 상완과 전완을 곧게 펴서 파악할 수 있는 작업영역에 대한 명칭을 적으시오.

(풀이) **작업공간**

최대작업영역: 전완과 상완을 곧게 펴서 파악할 수 있는 구역(55~65 cm)이다.

인간공학기사 실기시험 문제풀이 2회223

1 작업자가 무릎을 지면에 대고 쪼그리고 앉아 용접하는 작업의 유해요소와 개선할 수 있는 적합한 예방대책을 쓰시오.

(풀이) **근골격계질환의 작업특성 요인**

유해요소	예방대책
부자연스런 자세	높낮이 조절이 가능한 작업대의 설치
무릎의 접촉스트레스	무릎보호대의 착용
손목, 어깨의 반복적 스트레스	자동화기기나 설비의 도입
장시간 유해물질 노출	환기, 적절한 휴식시간, 작업확대, 작업교대

2 Barnes의 동작경제 원칙 3가지를 쓰고, 한 가지씩 예를 쓰시오.

(풀이) **Barnes의 동작경제의 원칙**

Barnes의 동작경제 원칙은 다음과 같다.
(1) 신체의 사용에 관한 원칙

가. 양손은 동시에 동작을 시작하고, 또 끝마쳐야 한다.

나. 휴식시간 이외에 양손이 동시에 노는 시간이 있어서는 안 된다.

다. 양팔은 각기 반대방향에서 대칭적으로 동시에 움직여야 한다.

라. 손의 동작은 작업을 원만히 처리할 수 있는 범위 내에서 최소동작등급을 사용하도록 한다. 3등급 동작이 손가락만의 동작보다 정확하고 덜 피곤하기 때문에 경작업의 경우에는 3등급 동작이 바람직하다.

마. 작업자들을 돕기 위하여 동작의 관성을 이용하여 작업하는 것이 좋다.

바. 구속되거나 제한된 동작 또는 급격한 방향 전환보다는 유연한 동작이 좋다.

사. 작업동작은 율동이 맞아야 한다.

아. 직선동작보다는 연속적인 곡선동작을 취하는 것이 좋다.

자. 탄도동작(ballistic movement)은 제한되거나 통제된 동작보다 더 신속 · 정확 · 용이하다.

(2) 작업역의 배치에 관한 원칙

가. 모든 공구와 재료는 일정한 위치에 정돈되어야 한다.

나. 공구와 재료는 작업이 용이하도록 작업자의 주위에 있어야 한다.

다. 중력을 이용한 부품상자나 용기를 이용하여 부품을 부품 사용 장소에 가까이 보낼 수 있도록 한다.

라. 가능하면 낙하시키는 방법을 이용하여야 한다.

마. 공구 및 재료는 동작에 가장 편리한 순서로 배치하여야 한다.

바. 채광 및 조명장치를 잘 하여야 한다.

사. 의자와 작업대의 모양과 높이는 각 작업자에게 알맞도록 설계되어야 한다.

아. 작업자가 좋은 자세를 취할 수 있는 모양, 높이의 의자를 지급해야 한다.

(3) 공구 및 설비의 설계에 관한 원칙

가. 치구, 고정장치나 발을 사용함으로써 손의 작업을 보존하고 손은 다른 동작을 담당하도록 하면 편리하다.

나. 공구류는 될 수 있는 대로 두 가지 이상의 기능을 조합한 것을 사용하여야 한다.

다. 공구류 및 재료는 될 수 있는 대로 다음에 사용하기 쉽도록 놓아두어야 한다.

라. 각 손가락이 사용되는 작업에서는 각 손가락의 힘이 같지 않음을 고려하여야 할 것이다.

마. 각종 손잡이는 손에 가장 알맞게 고안함으로써 피로를 감소시킬 수 있다.

바. 각종 레버나 핸들은 작업자가 최소의 움직임으로 사용할 수 있는 위치에 있어야 한다.

3 표준시간을 산출하는 방법 5가지를 쓰시오.

（풀이） **작업측정의 기법**

표준시간을 산출하는 방법은 다음과 같다.

(1) 실적자료법: 과거의 경험이나 자료를 사용하는 방법으로 작업에 관한 실제 자료를 이용하여 작업 단위당 기준 시간을 산정한 후 이 값을 표준으로 삼는 방법이다.

(2) 시간연구법(Time study method): 측정대상 작업의 시간적 경과를 스톱워치/전자식 타이머 또는 VTR 카메라의 기록 장치를 이용하여 직접 관측하여 표준시간을 산출하는 방법이다.

(3) 표준자료법(Standard data system): 작업시간을 새로이 측정하기보다는 과거에 측정한 기록들을 기준으로 동작에 영향을 미치는 요인들을 검토하여 만든 함수식, 표, 그래프 등으로 동작시간을 예측하는 방법이다.

(4) 워크샘플링법(Work sampling): 간헐적으로 랜덤한 시점에서 연구대상을 순간적으로 관측하여 대상이 처한 상황을 파악하고, 이를 토대로 관측기간 동안에 나타난 항목별로 차지하는 비율을 추정하는 방법이다.

(5) PTS법(Predetermine time standard system): 사람이 행하는 작업을 기본동작으로 분류하고, 각 기본동작들

은 동작의 성질과 조건에 따라 이미 정해진 기준 시간치를 적용하여 전체 작업의 정미시간을 구하는 방법이다.

4 시각적 표시장치를 사용해야하는 경우를 5가지 적으시오.

> (풀이) **시각적 표시장치가 유리한 경우**
>
> 시각적 표시장치가 유리한 경우는 다음과 같다.
> (1) 전달정보가 복잡하고 길 때
> (2) 전달정보가 후에 재 참조될 경우
> (3) 전달정보가 공간적인 위치를 다룰 때
> (4) 전달정보가 즉각적인 행동을 요구하지 않을 때
> (5) 수신자의 청각 계통이 과부하 상태일 때
> (6) 수신 장소가 시끄러울 때
> (7) 직무상 수신자가 한곳에 머무르는 경우

5 유해요인을 평가하는 방법인 RULA의 B그룹의 평가항목 3가지를 쓰시오.

> (풀이) **RULA**
>
> RULA의 B그룹의 평가항목은 목, 몸통, 다리이다.

6 어느 요소작업을 25번 측정한 결과 $\overline{X}$ = 0.24, S = 0.07로 밝혀졌다. 신뢰도 95%, 상대 허용오차 ±5%를 만족시키는 관측횟수를 구하시오(단, $t24, 0.025$ = 2.064, t 25, 0.025 = 2.060, $t24, 0.05$ = 1.711, $t25, 0.05$ = 1.708).

> (풀이) **관측횟수의 결정**
>
> $$N = \left(\frac{t(n-1, 0.025) \times S}{0.05\overline{X}} \right)^2 \left(여기서, S = \sqrt{\frac{\sum (x_i - \overline{x})^2}{n}} \right)$$
>
> t분포표로부터 $t_{24, \ 0.025}$ = 2.064, $\overline{X}$ = 0.24 이므로,
> 필요 관측횟수 $N = \left(\frac{2.064 \times 0.07}{0.05 \times 0.24} \right)^2$ = 144.9616 ≒ 145회

7 서블릭기호 중 효율적인 것 3개, 비효율적인 것 3개씩 쓰시오.

> (풀이) **서블릭 기호**

효율적 서블릭		비효율적 서블릭	
기본동작 부문	(1) 빈손이동(TE)	정신적 또는 반정신적인 부문	(1) 찾기(Sh)
	(2) 쥐기(G)		(2) 고르기(St)
	(3) 운반(TL)		(3) 검사(I)
	(4) 내려 놓기(RL)		(4) 바로 놓기(P)
	(5) 미리 놓기(PP)		(5) 계획(Pn)
동작목적을 가진 부문	(1) 조립(A)	정체적인 부문	(1) 휴식(R)
	(2) 사용(U)		(2) 피할 수 있는 지연(AD)
			(3) 잡고 있기(H)
	(3) 분해(DA)		(4) 불가피한 지연(UD)

8 다음 문제를 보고 알맞은 내용을 쓰시오.

(1) 색을 구별하며, 황반에 집중되어 있는 세포:

(2) 주로 망막 주변에 있으며 밤처럼 조도수준이 낮을 때 기능을 하고, 흑백의 음영 만을 구분하는 세포:

> (풀이) **망막의 구조**
> (1) 원추세포
> (2) 간상세포

9 평균 눈높이가 160 cm이고, 표준편차가 5일 때, 눈높이의 5%ile을 구하시오(단, 정규 분포를 따르며, $Z_{0.90} = 1.28$, $Z_{0.95} = 1.65$, $Z_{0.99} = 2.32$).

> (풀이) **인체측정 자료의 응용**
> %ile 인체치수 = 평균±(표준편차×%ile 계수)
> 눈높이의 5%ile = 160−(5×1.65) = 151.75 cm

10 근골격계 부담작업에 대하여 다음 빈칸을 채우시오.

(1) 하루에 10회 이상 (   ) kg 이상의 물체를 드는 작업

(2) 하루에 (   )회 이상 10 kg 이상의 물체를 무릎 아래에서 들거나, 어깨 위에서
들거나 팔을 뻗은 상태에서 드는 작업

(3) 하루에 총 (   )시간 이상, 분당 2회 이상 (   ) kg 이상의 물체를 드는 작업

> **풀이** **근골격계 부담작업**
> (1) 하루에 10회 이상 (25) kg 이상의 물체를 드는 작업
> (2) 하루에 (25)회 이상 10 kg 이상의 물체를 무릎 아래에서 들거나, 어깨 위에서 들거나 팔을 뻗은 상태에서
> 드는 작업
> (3) 하루에 총 (2)시간 이상, 분당 2회 이상 (4.5) kg 이상의 물체를 드는 작업

11 NIOSH Lifting Equation의 들기계수 6가지를 기술하시오(단 약어, 기호는 생략).

> **풀이** **NLE(NIOSH Lifting Equation)**
> NIOSH Lifting Equation의 들기계수는 다음과 같다.
> (1) 수평계수
> (2) 수직계수
> (3) 거리계수
> (4) 비대칭계수
> (5) 빈도계수
> (6) 결합계수

12 손-팔 진동을 줄이는 방법 4가지를 쓰시오.

> **풀이** **진동의 대책**
> 진동에 따른 대책은 다음과 같다.
> (1) 진동이 적은 수공구 사용
> (2) 방진공구, 방진장갑 사용

(3) 연장을 잡는 악력을 감소시킴
(4) 진동공구를 사용하지 않는 다른 방법으로 대체함
(5) 추운 곳에서의 진동공구 사용을 자제하고 수공구 사용 시 손을 따뜻하게 유지시킴

13 조종장치와 표시장치를 양립하여 설계하였을 때, 장점 5가지를 쓰시오.

> **(풀이) 조종간의 운동관계**
>
> 표시장치와 조종장치를 양립하여 설계하였을 때의 장점은 다음과 같다.
> (1) 조작 오류가 적다.
> (2) 만족도가 높다.
> (3) 학습이 빠르다.
> (4) 위급 시 대처능력이 빠르다.
> (5) 작업실행속도가 빠르다.

14 웨버(Weber)의 비가 1/60 이면, 길이가 20 cm인 경우 직선상에 어느 정도의 길이에서 감지할 수 있는지 쓰시오.

> **(풀이) 웨버의 법칙(Weber's law)**
>
> $$\text{웨버의 비} = \frac{\text{변화감지역}}{\text{기준자극의 크기}}$$
>
> $$\frac{1}{60} = \frac{x}{20}$$
>
> 따라서, $x = 0.33$ cm

15 유독가스 작업장에서 작업자 1명의 신뢰도가 0.9일 경우, 작업자 2명이 동시에 작업을 했을 때 신뢰도는 얼마인가?(단, 두 작업자의 신뢰도는 0.9로 모두 동일하다.)

> **(풀이) 신뢰도**
>
> 작업자간 동시 작업은 병렬시스템이므로
>
> $$R = 1 - \prod_{i=1}^{n}(1-R_i) = 1 - (1-0.9) \times (1-0.8) = 0.98$$

16 조종장치의 손잡이 길이가 5 cm이고, 60°를 움직였을 때 표시장치에서 3 cm가 이동하였다. 이때, C/R비를 구하시오.

> (풀이) **조종-반응비율(Control-Response Ratio)**
>
> $$C/R비 = \frac{(a/360) \times 2\pi L}{표시장치\ 이동거리}$$
>
> 여기서, a: 조종장치가 움직인 각도
> L: 반지름(조종장치의 길이)
>
> $$C/R비 = \frac{(60/360) \times (2 \times 3.14 \times 5)}{3} = 1.74$$

17 정신적 피로도를 측정하는 NASA-TLX(Task Load Index)의 6가지 척도를 적으시오.

> (풀이) **NASA-TLX**
>
> NASA-TLX의 척도는 다음과 같다.
> (1) 정신적 요구(Mental Demand)
> (2) 육체적 요구(Physical Demand)
> (3) 일시적 요구(Temporal Demand)
> (4) 수행(Performance)
> (5) 노력(Effort)
> (6) 좌절(Frustration)

18 제조물책임(PL)법에서의 대표적인 3가지 결함을 쓰시오.

> (풀이) **제조물책임법에서의 결함**
>
> (1) 제조상의 결함: 제품의 제조과정에서 발생하는 결함으로, 원래의 도면이나 제조방법대로 제품이 제조되지 않았을 때도 여기에 해당된다.
> (2) 설계상의 결함: 제품의 설계 그 자체에 내재하는 결함으로 설계대로 제품이 만들어 졌다고 하더라도 결함으로 판정되는 경우이다.
> (3) 지시·경고상의 결함: 제품이 설계와 제조과정에서 아무런 결함이 없다 하더라도 소비자가 사용상의 부주의나 부적당한 사용으로 발생할 위험에 대비하여 적절한 사용 및 취급 방법 또는 경고가 포함되어 있지 않을 때이다.

인간공학기사 실기시험 문제풀이 3회[221]

1 근골격계질환 예방을 위한 관리적 개선방안 6가지를 쓰시오.

(풀이) **근골격계질환의 관리적 개선방안**

근골격계질환 예방을 위한 관리적 개선방안은 다음과 같다.
(1) 작업의 다양성 제공(작업 확대)
(2) 작업일정 및 작업속도 조절
(3) 작업자에 대한 휴식시간(회복시간) 제공
(4) 작업습관 변화
(5) 작업공간, 공구 및 장비의 정기적인 청소 및 유지보수
(6) 근골격계질환 예방체조의 도입(운동체조 강화)
(7) 근골격계질환 관련 교육 실시
(8) 작업자 교대

2 파악한계, 정상작업영역, 최대작업영역에 대해서 정의하시오.

(풀이) **작업공간**

(1) 파악한계: 앉은 작업자가 특정한 수작업기능을 편히 수행할 수 있는 공간의 외곽한계이다.
(2) 정상작업영역: 상완을 자연스럽게 수직으로 늘어뜨린 채, 전완만으로 편하게 뻗어 파악할 수 있는 구역 (34~45 cm)이다.
(3) 최대작업영역: 전완과 상완을 곧게 펴서 파악할 수 있는 구역(55~65 cm)이다.

3 근골격계 부담작업에 대하여 다음 빈칸을 채우시오.

(1) 하루에 10회 이상 (   ) kg 이상의 물체를 드는 작업

(2) 하루에 (   )회 이상 10 kg 이상 물체를 무릎 아래에서 들거나, 어깨 위에서 들거나, 팔을 뻗은 상태에서 드는 작업

(3) 하루에 총 (   )시간 이상, 분당 2회 이상 4.5 kg 이상의 물체를 드는 작업

(4) 하루에 총 (   )시간 이상 머리 위에 손이 있거나, 팔꿈치가 어깨 위에 있거나, 팔꿈치를 몸통으로부터 들거나, 팔꿈치를 몸통 뒤쪽에 위치하도록 하는 상태에서 이루어지는 작업

(5) 하루에 총 (   )시간 이상 집중적으로 자료입력 등을 위해 키보드 또는 마우스를 조작하는 작업

(6) 하루에 총 2시간 이상 시간당 (   )회 이상 손 또는 무릎을 사용하여 반복적으로 충격을 가하는 작업

> (풀이) **근골격계 부담작업**

(1) 하루에 10회 이상 (25) kg 이상의 물체를 드는 작업
(2) 하루에 (25)회 이상 10 kg 이상 물체를 무릎 아래에서 들거나, 어깨 위에서 들거나, 팔을 뻗은 상태에서 드는 작업
(3) 하루에 총 (2)시간 이상, 분당 2회 이상 4.5 kg 이상의 물체를 드는 작업
(4) 하루에 총 (2)시간 이상 머리 위에 손이 있거나, 팔꿈치가 어깨 위에 있거나, 팔꿈치를 몸통으로부터 들거나, 팔꿈치를 몸통 뒤쪽에 위치하도록 하는 상태에서 이루어지는 작업
(5) 하루에 총 (4)시간 이상 집중적으로 자료입력 등을 위해 키보드 또는 마우스를 조작하는 작업
(6) 하루에 총 2시간 이상 시간당 (10)회 이상 손 또는 무릎을 사용하여 반복적으로 충격을 가하는 작업

4 근골격계질환 유해요인 5가지를 적으시오.

> (풀이) **근골격계질환의 원인**

근골격계질환의 원인은 다음과 같다.
(1) 반복성
(2) 부자연스러운/취하기 어려운 자세
(3) 과도한 힘
(4) 접촉스트레스
(5) 진동
(6) 온도, 조명 등 기타 요인

5 9 kg의 중량물을 선반 1 위치(20, 30)에서 선반 2 위치(62, 140)로 하루 총 작업시간 3시간 동안 30분당 60번씩 들기작업을 하는 작업자에 대하여 NIOSH 들기 지침에 의하여 분석한 결과를 다음의 단순 들기작업 분석표와 같이 나타내었으며 빈도계수 0.65, 비대칭각도 0, 박스의 손잡이는 커플링 'fair'로 간주할 때 다음의 각 물음에 답하시오.

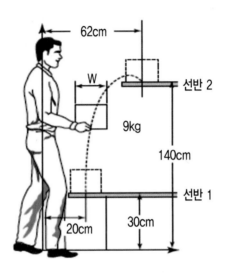

보기

HM = 수평계수 = 25/H
VM = 수직계수 = $1-(0.003 \times |V-75|)$
DM = 거리계수 = $0.82+(4.5/D)$
AM = 비대칭계수 = $1-(0.0032 \times A)$
CM = 결합계수 (표 이용)

결합타입	수직위치	
	V < 75 cm	V ≥ 75 cm
양호(good)	1.00	1.00
보통(fair)	0.95	1.00
불량(poor)	0.90	0.90

---

(1) RWL:

(2) LI 지수:

RWL과 LI

(1) RWL: $LC \times HM \times VM \times DM \times AM \times FM \times CM$

   $LC = 23$

   $HM = 1$ ($H \leq 25$ cm)

   $VM = 1 - (0.003 \times |V - 75|) = 1 - (0.003 \times 45) = 0.87$

   $DM = 0.82 + \left(\dfrac{4.5}{D}\right) = 0.82 + \left(\dfrac{4.5}{110}\right) = 0.86$

   $AM = 1 - (0.032 \times A) = 1 - (0.032 \times 0) = 1$

   $FM = 0.65$

   $CM = 1$

   따라서, RWL $= 23 \times 1 \times 0.87 \times 0.86 \times 1 \times 0.65 \times 1 = 11.19$

(2) LI 지수 $= \dfrac{중량물\ 무게}{RWL} = \dfrac{9}{11.19} = 0.8$

6 조절식 의자설계에 필요한 인체측정치수들이 다음과 같이 주어져 있을 때 좌판 깊이와 좌판 높이의 설계치수를 구하시오(단, 정규분포를 따르며, $Z_{0.95} = 1.645$이다).

성별	구분	오금 높이	무릎 뒤 길이	지면 팔꿈치 높이	엉덩이 너비
남자	평균	41.3 cm	45.9 cm	67.3 cm	33.5 cm
	표준편차	1.9 cm	2.4 cm	2.3 cm	1.9 cm
여자	평균	38 cm	44.4 cm	63.2 cm	33 cm
	표준편차	1.7 cm	2.1 cm	2.1 cm	1.9 cm

풀이 **인체측정 자료의 응용원칙**

(1) 좌판 깊이: 최소집단값에 의한 설계(5%ile 여자, 무릎 뒤 길이)

   5%ile 여자: $44.4 - (2.1 \times 1.645) = 40.95$ cm

(2) 좌판 높이: 조절식 설계(5%ile 여자~95%ile 남자, 오금 높이)

   5%ile 여자: $38 - (1.7 \times 1.645) = 35.20$ cm

   95%ile 남자: $41.3 + (1.9 \times 1.645) = 44.43$ cm

따라서, $35.20 \sim 44.43$ cm 높이로 설계하여야 한다.

7 전문가가 체크리스트나 평가기준을 가지고 평가대상을 보면서 사용성에 관한 문제점을 찾아나가는 사용성 평가방법은 무엇인지 쓰시오.

(풀이) **휴리스틱 평가법**

휴리스틱 평가법이란 전문가가 체크리스트나 평가기준을 가지고 평가대상을 보면서 사용성에 관한 문제점을 찾아나가는 사용성 평가방법이다.

8 단순반응시간 0.2초, 1bit 증가 당 0.5초의 기울기, 자극 수가 8개일 때 반응시간을 구하시오.

(풀이) **반응시간**

Hick's law에 의해

$$반응시간(RT: Reaction Time) = a + b log_2 N$$
$$= 0.2 + (0.5 \times \log_2 8)$$
$$= 1.7초$$

9 인간-기계 시스템 설계원칙에서 3가지 양립성의 종류를 쓰고 각각을 설명하시오.

(풀이) **양립성**

양립성의 종류는 다음과 같다.
(1) 개념양립성(Conceptual Compatibility): 코드나 심벌의 의미가 인간이 갖고 있는 개념과 양립
(2) 공간양립성(Spatial Compatibility): 공간적 구성이 인간의 기대와 양립
(3) 운동양립성(Movement Compatibility): 조종기를 조작하여 표시장치상의 정보가 움직일 때 반응결과가 인간의 기대와 양립

10 여유시간의 종류 중 일반 여유 3가지 분류를 쓰시오.

(풀이) **일반 여유시간의 분류**

일반 여유시간의 분류는 다음과 같다.
(1) 개인여유: 작업자의 생리적·심리적 요구에 의해 발생하는 지연시간
(2) 불가피한 지연여유: 작업자와 관계없이 발생하는 지연시간
(3) 피로여유: 정신적·육체적 피로를 회복하기 위해 부여하는 지연시간

11 생체신호를 이용한 스트레인의 주요 척도 4가지를 쓰시오.

(풀이) **피로의 생리학적 측정방법**
스트레인(긴장)의 주요 척도는 다음과 같다.
(1) 뇌전도(EEG)
(2) 심전도(ECG)
(3) 근전도(EMG)
(4) 안전도(EOG)
(5) 전기피부반응(GSR)

12 작업관리 문제해결 방식에서 개선을 위한 원칙 SEARCH에 대해서 설명하시오.

(풀이) **개선의 SEARCH 원칙**
개선의 SEARCH 원칙은 다음과 같다.
(1) S(Simplify operations): 작업의 단순화
(2) E(Eliminate unnecessary work and material): 불필요한 작업 및 자재 제거
(3) A(Alter sequence): 순서의 변경
(4) R(Requirements): 요구조건
(5) C(Combine operations): 작업의 결합
(6) H(How often): 얼마나 자주

13 작업자가 한 손을 사용하여 무게(W_L)가 100 N인 작업물을 들고 있다. 물체의 쥔 손에서 팔꿈치까지의 거리는 30 cm이고, 손과 아래팔의 무게(W_L)는 10 N이며, 손과 아래팔의 무게중심은 팔꿈치로부터 15 cm에 위치해 있다. 팔꿈치에 작용하는 모멘트는 얼마인지 구하시오.

(풀이) **모멘트**
$\Sigma M = 0$ (모멘트 평형방정식)
$(F_1(=W_L) \times d_1) + (F_2(=W_A) \times d_2) + M_E(=$ 팔꿈치 모멘트$) = 0$
$(-100N \times 0.30\,\mathrm{m}) + (-10N \times 0.15\,\mathrm{m}) + M_E = 0$
따라서, $M_E = 31.5$ Nm

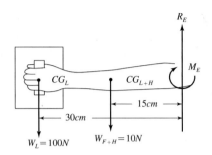

14 시각적, 청각적 표시장치를 사용해야하는 경우를 각각 3가지씩 적으시오.

> (풀이) **청각장치와 시각장치 사용의 특성**

(1) 시각적 표시장치가 청각적 표시장치보다 이로운 경우
　　가. 전달정보가 복잡하고 길 때
　　나. 전달정보가 후에 재 참조될 경우
　　다. 전달정보가 공간적인 위치를 다룰 때
　　라. 전달정보가 즉각적인 행동을 요구하지 않을 때
　　마. 수신자의 청각 계통이 과부하 상태일 때
　　바. 수신 장소가 시끄러울 때
　　사. 직무상 수신자가 한곳에 머무르는 경우

(2) 청각적 표시장치가 시각적 표시장치보다 이로운 경우
　　가. 전달정보가 간단하고 짧을 때
　　나 전달정보가 후에 재 참조되지 않을 경우
　　다. 전달정보가 시간적인 사상을 다룰 때
　　라. 전달정보가 즉각적인 행동을 요구할 때
　　마. 수신자의 시각 계통이 과부하 상태일 때
　　바. 수신 장소가 너무 밝거나 암조응 유지가 필요할 때
　　사. 직무상 수신자가 자주 움직이는 경우

15 다음 [보기]를 보고 Swain의 심리적 분류 중 어디에 해당하는지 쓰시오.

> **보기**
> (1) 장애인 주차구역에 주차하여 벌금을 부과 받았다.
> (2) 자동차 전조등을 끄지 않아서 방전되어 시동이 걸리지 않았다.
> (3) 사이드브레이크를 해제하지 않고 엑셀을 밟아 자동차가 움직이지 않았다

휴먼에러의 심리적 분류

(1) 작위 에러(commission error): 필요한 작업 또는 절차의 불확실한 수행으로 인한 에러이다.
(2) 부작위 에러(omission error): 필요한 작업 또는 절차를 수행하지 않는 데 기인한 에러이다.
(3) 순서에러(sequential error): 필요한 작업 또는 절차의 순서착오로 인한 에러이다.

16 아래의 빈칸에 들어갈 알맞은 인체치수 설계원칙을 적으시오.

> 의자 좌판을 설계할 경우 좌판의 앞뒤 거리는 (   )를 이용한다.

인체측정 자료의 응용원칙

의자 좌판을 설계할 경우 좌판의 앞뒤 거리는 (최소집단값에 의한 설계)를 이용한다.
작은 사람이 앉아서 허리를 지지할 수 있으면, 이보다 큰 사람들은 허리를 지지할 수 있다.

17 다음에 해당하는 알맞은 서블릭 영문기호를 쓰시오.

(1) 조립:

(2) 분해:

(3) 바로놓기:

(4) 고르기:

(5) 잡기:

(6) 찾기:

서블릭 기호

서블릭 영문기호는 다음과 같다.
(1) 조립: A
(2) 분해: DA
(3) 바로놓기: P
(4) 고르기: St
(5) 잡기: G
(6) 찾기: Sh

18 작업자세 수준별 근골격계 위험 평가를 하기 위한 도구인 RULA(Rapid Upper Limb Assessment)를 적용하는데 따른 분석 절차 부분(4개) 또는 평가에 사용하는 인자(부위)를 5개 이상 열거하시오.

풀이 **RULA의 평가부위**

RULA의 평가부위는 다음과 같다.
(1) 윗팔
(2) 아래팔
(3) 손목
(4) 목
(5) 몸통
(6) 다리

1 A, B 그림을 비교하여 표의 빈칸을 알맞게 채우시오.

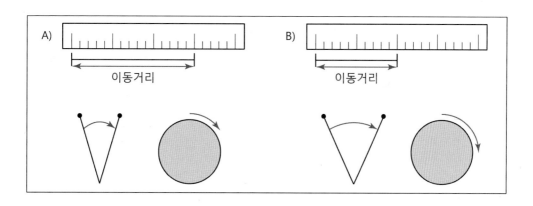

	A	B	
C/R비			크다, 작다, 별 차이 없다
민감도			민감하다, 둔감하다, 별 차이 없다
조종시간			길다, 짧다, 별 차이 없다
이동시간			길다, 짧다, 별 차이 없다

조종-반응비율(Control-Response Ratio)

	A	B	
(1) C/R비	작다	크다	크다, 작다, 별 차이 없다
(2) 민감도	민감하다	둔감하다	민감하다, 둔감하다, 별 차이 없다
(3) 조종시간	길다	짧다	길다, 짧다, 별 차이 없다
(4) 이동시간	짧다	길다	길다, 짧다, 별 차이 없다

(1) C/R비: $C/R비 = \dfrac{조종장치의\ 움직인\ 거리}{표시장치의\ 이동\ 거리}$

　조종장치의 움직임에 따라 상대적으로 반응거리가 커지면 C/R비가 작다.

(2) 민감도: 조종장치를 조금만 움직여도 표시장치의 지침이 많이 움직이므로 민감하다.

(3) 조종시간: 조종장치를 조금만 움직여도 표시장치 지침의 많은 움직임으로 인하여 조심스럽게 제어하여야 하므로 조종시간이 길다.

(4) 이동시간: 조종장치를 조금만 움직여도 표시장치의 지침이 많이 움직이므로 이동시간이 짧다.

2 OWAS 평가항목을 쓰시오.

OWAS

OWAS의 평가항목은 다음과 같다.
(1) 허리, 팔, 다리, 하중
(2) 윗팔, 아래팔, 손목, 목, 몸통, 다리

3 GOMS 모델에 대해 설명하고 4가지 구성요소를 쓰시오.

GOMS

GOMS에 대한 설명과 구성요소는 다음과 같다.
(1) GOMS 모델: 숙련된 사용자가 인터페이스에서 특정 작업을 수행하는 데 얼마나 많은 시간을 소요하는지 예측할 수 있는 모델이다. 또한 하나의 문제 해결을 위하여 전체문제를 하위문제로 분해하고 분해된 가장 작은 하위문제들을 모두 해결함으로써 전체문제를 해결한다는 것이 GOMS 모델의 기본논리이다.
(2) 4가지 구성요소: GOMS는 인간의 행위를 목표(goals), 연산자 또는 조작(operator), 방법(methods), 선택규칙(selection rules)으로 표현한다.

4 생체신호를 이용한 스트레인의 주요 척도 4가지를 쓰시오.

> (풀이) **피로의 생리학적 측정방법**

스트레인(긴장)의 주요 척도는 다음과 같다.

(1) 뇌전도(EEG)

(2) 심전도(ECG)

(3) 근전도(EMG)

(4) 안전도(EOG)

(5) 전기피부반응(GSR)

5 Barnes의 동작경제 원칙 3가지를 쓰시오.

> (풀이) **Barnes의 동작경제의 원칙**

(1) 신체의 사용에 관한 원칙

  가. 양손은 동시에 동작을 시작하고, 또 끝마쳐야 한다.

  나. 휴식시간 이외에 양손이 동시에 노는 시간이 있어서는 안 된다.

  다. 양팔은 각기 반대방향에서 대칭적으로 동시에 움직여야 한다.

  라. 손의 동작은 작업을 수행할 수 있는 최소 동작 이상을 해서는 안 된다.

  마. 작업자들을 돕기 위하여 동작의 관성을 이용하여 작업하는 것이 좋다.

(2) 작업역의 배치에 관한 원칙

  가. 모든 공구와 재료는 일정한 위치에 정돈되어야 한다.

  나. 공구와 재료는 작업이 용이하도록 작업자의 주위에 있어야 한다.

  다. 중력을 이용한 부품상자나 용기를 이용하여 부품을 부품 사용 장소에 가까이 보낼 수 있도록 한다.

  라. 가능하면 낙하시키는 방법을 이용하여야 한다.

  마. 공구 및 재료는 동작에 가장 편리한 순서로 배치한다.

(3) 공구 및 설비의 설계에 관한 원칙

  가. 치구, 고정 장치나 발을 사용함으로써 손의 작업을 보존하고 손은 다른 동작을 담당하도록 하면 편리하다.

  나. 공구류는 될 수 있는 대로 두 가지 이상의 기능을 조합한 것을 사용하여야 한다.

  다. 공구류 및 재료는 될 수 있는 대로 다음에 사용하기 쉽도록 놓아두어야 한다.

  라. 각 손가락이 사용되는 작업에서는 각 손가락의 힘이 같지 않음을 고려하여야 할 것이다.

  마. 각종 손잡이는 손에 가장 알맞게 고안함으로써 피로를 감소시킬 수 있다.

6 다음 그림에서 ①~④에 해당하는 반응 대안과 ⑤ d값이 의미하는 내용을 쓰시오.

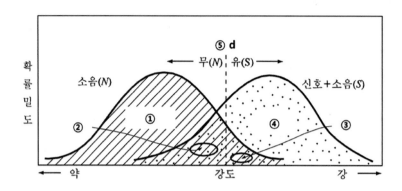

풀이 **신호검출이론(SDT)**

① 잡음을 제대로 판정(Correct Noise): 잡음만 있을 때 잡음이라고 판정, P(N/N)
② 신호검출 실패(Miss): 신호가 나타났는데도 잡음으로 판정, P(N/S)
③ 허위경보(False Alarm): 잡음을 신호로 판정, P(S/N)
④ 신호의 정확한 판정(Hit): 신호가 나타났을 때 신호라고 판정, P(S/S)
⑤ d: 신호 유무의 기준

7 물체 시식별 영향을 미치는 요소 3가지를 쓰시오.

풀이 **시식별에 영향을 미치는 요소**

시식별에 영향을 미치는 요소는 다음과 같다.
① 조도
② 대비
③ 노출시간
④ 광도비
⑤ 과녁의 이동
⑥ 휘광
⑦ 연령
⑧ 훈련

8 다음 FT도에서 T의 고장발생확률을 구하시오.

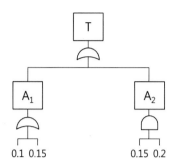

> **풀이** **결함나무분석(Fault Tree Analysis; FTA)**

(1) $A_1 = 1-\{(1-X_1)\times(1-X_2)\}$
$P(A_1) = 1-(1-0.1)\times(1-0.15) = 0.24$

(2) $A_2 = X_3 \times X_4$
$P(A_2) = 0.15\times0.2 = 0.03$

(3) $T = 1-\{(1-A_1)\times(1-A_2)\}$
$P(T) = 1-(1-0.24)\times(1-0.03) = 0.26$

9 어떤 작업을 측정한 결과 관측평균시간이 10분, 레이팅계수가 110%, 여유율이 15%(외경법)일 때, 정미시간과 표준시간을 구하시오.

> **풀이** **표준시간의 계산**

(1) 정미시간 $=$ 관측시간의 대푯값$\times\dfrac{\text{레이팅계수}}{100} = 10\times\dfrac{110}{100} = 11$분
(2) 표준시간 $=$ 정미시간$\times(1+$여유율$) = 1.1\times(1+0.15) = 12.65$분

10 수평작업 설계 시 고려할 정상작업영역과 최대작업영역을 설명하시오.

> **풀이** **작업공간**

(1) 정상작업영역: 상완을 자연스럽게 수직으로 늘어뜨린 채, 전완만으로 편하게 뻗어 파악할 수 있는 구역 (34~45 cm)이다.
(2) 최대작업영역: 전완과 상완을 곧게 펴서 파악할 수 있는 구역(55~65 cm)이다.

11 구조적 인체치수와 기능적 인체치수를 설명하고 각각의 예를 드시오.

> (풀이) **인체측정의 방법**

(1) 구조적 인체치수(정적측정)
  가. 형태학적 측정이라고도 하며, 표준자세에서 움직이지 않는 피측정자를 인체 측정기로 구조적 인체치수를 측정하여 특수 또는 일반적 용품의 설계에 기초자료로 활용한다.
  나. 사용 인체측정기: 마틴식 인체측정기(Martin type anthropometer)
  다. 측정원칙: 나체측정을 원칙으로 한다.

(2) 기능적 인체치수(동적측정)
  가. 동적 인체측정은 일반적으로 상지나 하지의 운동, 체위의 움직임에 따른 상태에서 측정하는 것이다.
  나. 동적 인체측정은 실제의 작업 혹은 실제 조건에 밀접한 관계를 갖는 현실성 있는 인체치수를 구하는 것이다.
  다. 동적측정은 마틴식 계측기로는 측정이 불가능하며, 사진 및 시네마 필름을 사용한 3차원(공간) 해석장치나 새로운 계측 시스템이 요구된다.
  라. 동적측정을 사용하는 것이 중요한 이유는 신체적 기능을 수행할 때, 각 신체 부위는 독립적으로 움직이는 것이 아니라 조화를 이루어 움직이기 때문이다.

12 남성 근로자의 8시간 조립작업에서 대사량을 측정한 결과 산소소비량이 1.1 L/min로 측정되었다(남성 권장 에너지소비량: 5 kcal/min). 남성 근로자의 휴식시간을 계산하시오.

> (풀이) **휴식시간의 산정**

가. 휴식시간: $R = T\dfrac{(E-S)}{(E-1.5)}$

  여기서, T: 총 작업시간(분)
  E: 해당 작업의 에너지소비량(kcal/min)
  S: 권장 에너지소비량(kcal/min)

나. 해당 작업의 에너지소비량 = 분당 산소소비량×권장 에너지소비량
  = 1.1 L/min×5 kcal/min = 5.5 kcal/min

따라서, 휴식시간 $R = \dfrac{480 \times (5.5 - 5)}{5.5 - 1.5} = 60$분이다.

13 제조물책임(PL)법에서의 대표적인 3가지 결함을 쓰시오.

> (풀이) **제조물책임법에서의 결함**

제조물책임법에서의 결함의 종류는 다음과 같다.

(1) 제조상의 결함
(2) 설계상의 결함
(3) 표시(지시·경고)상의 결함

14 거리가 71 cm일 때 단위 눈금 1.3 mm, 시거리가 100 cm가 되면 단위 눈금은 얼마가 되어야 하는지 구하시오.

> **풀이** 정량적 눈금의 길이

71 cm : 1.3 mm = 100 cm : x

$$x = \frac{1.3 \times 1000}{710} = 1.83 \text{ mm}$$

15 다음 그림을 보고 상완이두근의 힘(MF)과 주관절에서의 관절반작용력(JF)을 구하시오.

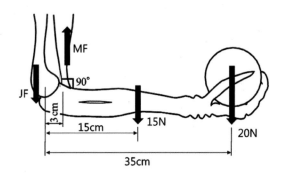

> **풀이** 관절반작용력(JF)

(1) $\sum M = 0$

$(F_1 \times d_1) + (F_2 \times d_2) + M_E = 0$

$(-15N \times 0.15m) + (-20N \times 0.35m) + (MF \times 0.03m) = 0$

$\therefore MF = 308.33\,N$

(2) $\sum F = 0$

$JF + MF - 15N - 20N = 0$

$\therefore JF = -273.33\,N$

16 VDT 작업설계 시 다음의 (   )에 알맞은 값을 넣으시오.

(1) 키보드의 경사는 5°~15°, 두께는 (   ) cm 이하로 해야 한다.

(2) 바닥면에서 앉는 면까지의 높이는 눈과 손가락의 위치를 적절히 조절할 수 있도록 적어도 40±(   ) cm의 범위 내에서 조정이 가능한 것으로 해야 한다.

(3) 높이조정이 가능한 작업대를 사용하는 경우에는 바닥면에서 작업대 표면까지의 높이가 (   ) cm 전후에서 작업자의 체형에 알맞도록 조정하여 고정해야 한다.

(4) 화면과의 거리는 최소 (   ) cm 이상이 확보되도록 한다.

(5) 팔꿈치의 내각은 (   )° 이상이 되어야 한다.

(6) 무릎의 내각은 (   )° 전후가 되도록 해야 한다.

> **풀이** **VDT 작업의 작업자세**
>
> (1) 키보드의 경사는 5°~15°, 두께는 (3) cm 이하로 해야 한다.
> (2) 바닥면에서 앉는 면까지의 높이는 눈과 손가락의 위치를 적절히 조절할 수 있도록 적어도 40±(5) cm의 범위 내에서 조정이 가능한 것으로 해야 한다.
> (3) 높이조정이 가능한 작업대를 사용하는 경우에는 바닥면에서 작업대 표면까지의 높이가 (65) cm 전후에서 작업자의 체형에 알맞도록 조정하여 고정해야 한다.
> (4) 화면과의 거리는 최소 (40) cm 이상이 확보되도록 한다.
> (5) 팔꿈치의 내각은 (90)° 이상이 되어야 한다.
> (6) 무릎의 내각은 (90)° 전후가 되도록 해야 한다.

17 다음 용어에 대해 설명하시오.

(1) Fool-proof

(2) Fail-safe

(3) Tamper-proof

> **풀이** **인간-기계 신뢰도 유지방안**
>
> (1) Fool-proof: 인간이 오작동을 하더라도 안전하게 하는 기능으로, 인간이 위험구역에 접근하지 못하게 하는 것(격리, 기계화, Lock장치)

(2) Fail-safe: 시스템의 고장이 있어도 안전사고를 발생시키지 않도록 2중 또는 3중으로 통제를 가하는 것(교대 구조, 중복구조, 하중 경감 구조)

(3) Tamper-proof: 사용자 또는 조작자가 임의로 장비의 안전장치를 제거할 경우, 장비가 작동되지 않도록 하는 안전설계원리

18 근육을 무늬 형태로 구분했을 때 골격근, 심장근과 같은 근육과 내장근의 무늬 형태를 쓰시오.

풀이 근육의 무늬 형태

근육의 무늬 형태는 다음과 같다.

(1) 골격근, 심장근: 가로무늬근

(2) 내장근: 민무늬근

인간공학기사 실기시험 문제풀이 5회[211]

1 산업안전보건법상 근골격계 부담작업에 의한 건강장해 예방과 관련된 다음 ( )에 들어갈 알맞은 용어를 쓰시오.

---

(1) "(A)"이란 단순반복 작업 또는 인체에 과도한 부담을 주는 작업으로서 작업량·작업속도·작업강도 및 작업장 구조 등에 따라 고용노동부장관이 정하여 고시하는 작업을 말한다.

(2) "(B)"이란 반복적인 동작, 부적절한 작업자세, 무리한 힘의 사용, 날카로운 면과의 신체접촉, 진동 및 온도 등의 요인에 의하여 발생하는 건강장해로서 목, 어깨, 허리, 팔, 다리의 신경·근육 및 그 주변 신체조직 등에 나타나는 질환을 말한다.

(3) "(C)"이란 유해요인조사, 작업환경 개선, 의학적 관리, 교육·훈련, 평가에 관한 사항 등이 포함된 근골격계질환을 예방·관리하기 위한 종합적인 계획을 말한다.

풀이 **근골격계질환 예방과 관련된 용어**

근골격계 부담작업에 의한 건강장해 예방과 관련된 용어는 다음과 같다.
A: 근골격계 부담작업
B: 근골격계질환
C: 근골격계질환 예방·관리 프로그램

2 소음이 각각 85 dB, 90 dB, 60 dB인 기계들의 소음 합산 레벨을 쓰시오.

풀이 **소음의 합**

소음의 합 $= 10\log(10^{\frac{L_{p1}}{10}} + 10^{\frac{L_{p2}}{10}} + 10^{\frac{L_{p3}}{10}} ...)$

$= 10\log(10^{\frac{85}{10}} + 10^{\frac{90}{10}} + 10^{\frac{60}{10}} ...) = 91.2$ dB

3 작업개선의 ECRS 원칙에 대하여 설명하시오.

풀이 **작업개선의 ECRS 원칙**

작업개선의 ECRS 원칙은 다음과 같다.
(1) Eliminate(제거): 불필요한 작업·작업요소를 제거
(2) Combine(결합): 다른 작업·작업요소와의 결합
(3) Rearrange(재배치): 작업의 순서의 변경
(4) Simplify(단순화): 작업·작업요소의 단순화, 간소화

4 작업기억에 속하는 하위 요소들 중에서 시공간 스케치 패드와 음운루프에 대해 설명하시오.

(1) 시공간 스케치 패드:

(2) 음운 루프:

풀이 **시공간 스케치 패드와 음운루프**

시공간 스케치 패드와 음운루프에 대한 설명은 다음과 같다.
(1) 시공간 스케치 패드: 시공간 스케치북은 주차한 차의 위치, 편의점에서 집까지 오는 길과 같이 시각적, 공간적 정보를 잠시 동안 보관하는 것을 가능하게 해준다.
(2) 음운고리: 짧은 시간 동안 제한된 수의 소리를 저장한다. 제한된 정보를 짧은 시간 동안 청각부호로 유지하는 음운저장소와 음운저장소에 있는 단어들을 소리 없이 반복할 수 있도록 하는 하위 발성암송 과정이라는 하위 요소로 이루어져 있다.

5 근골격계 부담작업을 하는 경우에 사업주가 근로자에게 알려야 하는 사항 4가지를 쓰시오.

근골격계질환 예방·관리 교육

근골격계질환 예방·관리 교육에 대하여 사업주가 근로자에게 알려야 하는 사항은 다음과 같다.
(1) 근골격계 부담작업에서의 유해요인
(2) 작업도구와 장비 등 작업시설의 올바른 사용방법
(3) 근골격계질환의 증상과 징후 식별방법 및 보고방법
(4) 근골격계질환 발생 시 대처요령

6 근육에 존재하는 통증유발점(Trigger point)에 의해 발생하는 근섬유의 누적 손상으로 근육 또는 근육을 싸고 있는 근막에 통증을 유발하는 질환은?

근막통증증후군

근육에 존재하는 통증유발점(Trigger point)에 의해 발생하는 근섬유의 누적 손상으로 근육 또는 근육을 싸고 있는 근막에 통증을 유발하는 질환을 근막통증증후군이라 한다.

7 수평작업 설계 시 고려할 정상작업영역과 최대작업영역을 설명하시오.

작업공간

(1) 정상작업영역: 상완을 자연스럽게 수직으로 늘어뜨린 채, 전완만으로 편하게 뻗어 파악할 수 있는 구역(34~45 cm)이다.
(2) 최대작업영역: 전완과 상완을 곧게 펴서 파악할 수 있는 구역(55~65 cm)이다.

8 1개의 제품을 만들 때 기계에 물리는 데 2분, 기계 자동 가공시간이 3분일 때, 2대의 기계로 작업하는 경우 작업주기시간과 생산량을 구하시오.

(1) 작업주기시간

(2) 1시간 동안 생산량

다중활동분석

2대의 기계로 작업하는 경우
a = 기계에 물리는 데 시간: 2분

b = 독립적인 작업자 활동시간: 0분

t = 기계 자동 가공시간: 3분

$n' = \dfrac{a+t}{a+b} = \dfrac{5}{2} = 2.5$이므로, n = 2대일 때의 작업주기시간을 구하면,

(1) 작업주기시간 = a+t = 2+3 = 5분

(2) 1시간 동안 생산량 = $\dfrac{2}{(a+t)} \times 60 = \dfrac{2}{(2+3)} \times 60 = 24$개

9 4구의 가스불판과 점화(조종)버튼의 설계에 대한 다음의 질문에 답하시오.

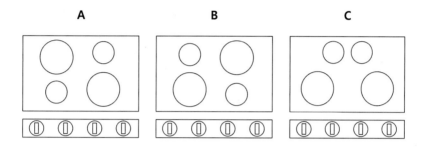

(1) 다음과 같은 가스불판과 점화(조종)버튼을 설계할 때의 인간공학적 설계원칙을 적으시오.

(2) 휴먼에러가 가장 적게 일어날 최적방안과 그 이유를 간단히 적으시오.

풀이) 양립성

(1) 공간양립성

(2) 최적방안: C안

이유: 표시장치와 이에 대응하는 조종장치 간의 실체적(physical) 유사성이나 이들의 배열 혹은 비슷한 표시(조종)장치 군들의 배열 등이 공간적 양립성과 관계된다.

10 작업공간 설계 시 공간의 배치원리 3가지를 쓰시오.

공간의 배치원리

공간의 배치원리는 다음과 같다.
(1) 모든 공구와 재료는 일정한 위치에 정돈되어야 한다.
(2) 공구와 재료는 작업이 용이하도록 작업자의 주위에 있어야 한다.
(3) 중력을 이용한 부품상자나 용기를 이용하여 부품을 부품 사용 장소에 가까이 보낼 수 있도록 한다.
(4) 가능하면 낙하시키는 방법을 이용하여야 한다.
(5) 공구 및 재료는 동작에 가장 편리한 순서로 배치하여야 한다.
(6) 채광 및 조명장치를 잘 하여야 한다.
(7) 의자와 작업대의 모양과 높이는 각 작업자에게 알맞도록 설계되어야 한다.
(8) 작업자가 좋은 자세를 취할 수 있는 모양, 높이의 의자를 지급해야 한다.

11 제조물책임(PL)법에서의 대표적인 3가지 결함을 쓰시오.

풀이 제조물책임법에서의 결함

제조물책임법에서의 결함의 종류는 다음과 같다.
(1) 제조상의 결함
(2) 설계상의 결함
(3) 표시(지시·경고)상의 결함

12 산업안전보건법령상 다음 안전보건표지가 의미하는 것을 쓰시오.

풀이 안전보건표지

안전보건표지의 의미는 다음과 같다.
(1) 보행 금지
(2) 인화성물질경고
(3) 사용금지

13 인체측정 자료의 응용원칙 3가지에 대하여 설명하시오.

> **풀이** **인체측정 자료의 응용원칙**

(1) 평균치를 이용한 설계원칙

　　가. 인체측정학 관점에서 볼 때 모든 면에서 보통인 사람이란 있을 수 없다. 따라서, 이런 사람을 대상으로
　　　　장비를 설계하면 안된다는 주장에도 논리적 근거가 있다.

　　나. 특정한 장비나 설비의 경우, 최대집단값이나 최소집단값을 기준으로 설계하기도 부적절하고 조절식으로
　　　　하기도 불가능할 경우 평균값을 기준으로 설계하는 경우가 있다.

(2) 극단치를 이용한 설계원칙

　　가. 특정한 설비를 설계할 때, 어떤 인체측정 특성의 한 극단에 속하는 사람을 대상으로 설계하면 거의 모든
　　　　사람을 수용할 수 있다.

　　나. 최대집단값에 의한 설계

　　　　1. 통상 대상 집단에 대한 관련 인체측정변수의 상위 백분위수를 기준으로 하여 90%, 95% 혹은 99%
　　　　　　값이 사용된다.

　　　　2. 95% 값에 속하는 큰 사람을 수용할 수 있다면, 이보다 작은 사람은 모두 사용된다.

　　다. 최소집단값에 의한 설계

　　　　1. 관련 인체측정 변수분포의 1%, 5%, 10% 등과 같은 하위 백분위수를 기준으로 정한다.

　　　　2. 팔이 짧은 사람이 잡을 수 있다면, 이보다 긴 사람은 모두 잡을 수 있다.

(3) 조절식 설계원칙

　　가. 체격이 다른 여러 사람에게 맞도록 조절식으로 만드는 것을 말한다. 따라서, 통상 5~95%까지 범위의 값
　　　　을 수용대상으로 하여 설계한다.

---

14 근골격계질환의 요인 중 작업특성 요인을 5가지 이상 열거하시오.

> **풀이** **근골격계질환의 원인**

근골격계질환의 원인은 다음과 같다.

(1) 반복성

(2) 부자연스러운/취하기 어려운 자세

(3) 과도한 힘

(4) 접촉스트레스

(5) 진동

(6) 온도, 조명 등 기타 요인

15 다음 [보기]를 보고 Swain의 심리적 분류 중 어디에 해당하는지 쓰시오.

> **보기**
>
> (1) 장애인 주차구역에 주차하여 벌금을 부과 받았다.
> (2) 자동차 전조등을 끄지 않아서 방전되어 시동이 걸리지 않았다.

풀이 **휴먼에러의 심리적 분류**

(1) 작위 에러(commission error): 필요한 작업 또는 절차의 불확실한 수행으로 인한 에러이다.
(2) 부작위 에러(omission error): 필요한 작업 또는 절차를 수행하지 않는 데 기인한 에러이다.

16 다음은 양립성에 대한 예이다. 각각 어떠한 양립성에 해당하는지 기술하시오.

(1) 레버를 올리면 압력이 올라가고, 아래로 내리면 압력이 내려간다.
(2) 오른쪽 스위치를 켜면 오른쪽 전등이 켜지고, 왼쪽 스위치를 켜면 왼쪽 전등이 켜진다.

풀이 **양립성(compatibility)**

(1) 운동양립성(Movement Compatibility): 조종기를 조작하여 표시장치상의 정보가 움직일 때 반응결과가 인간의 기대와 양립
(2) 공간양립성(Spatial Compatibility): 공간적 구성이 인간의 기대와 양립

17 다음 A, B의 수치를 보고 질문에 답하시오.

> **보기**
>
> (1) 반지름: 15 cm, 움직인 각도: 30도, 표시장치 움직인 거리: 2 cm
> (2) 반지름: 20 cm, 움직인 각도: 20도, 표시장치 움직인 거리: 2 cm

(1) A의 C/R비를 구하시오.

(2) B의 C/R비를 구하시오.

(3) A와 B 중 더 민감한 장치를 고르고 이유를 설명하시오.

> **(풀이)** **조종-반응비율(Control-Response Ratio)**

(1) A의 C/R비: $\dfrac{(a/360)\times 2\pi L}{\text{표시장치 이동거리}} = \dfrac{(30/360)\times 2\pi \times 15cm}{2cm} = 3.93$

(2) B의 C/R비: $\dfrac{(a/360)\times 2\pi L}{\text{표시장치 이동거리}} = \dfrac{(20/360)\times 2\pi \times 20cm}{2cm} = 3.49$

(3) A와 B의 C/R비를 비교하였을 때, A의 C/R비 3.93 보다 B의 C/R비 3.49이 더 작으므로 B가 더 민감한 장치이다.

---

18 청각적 표시장치를 사용해야 하는 경우를 4가지 쓰시오.

> **(풀이)** **청각장치 사용의 특성**

청각적 표시장치를 사용해야 하는 경우는 다음과 같다.
(1) 전달정보가 간단하고 짧을 때
(2) 전달정보가 후에 재 참조되지 않을 때
(3) 전달정보가 시간적인 사상을 다룰 때
(4) 전달정보가 즉각적인 행동을 요구할 때
(5) 수신자의 시각 계통이 과부하 상태일 때
(6) 수신장소가 너무 밝거나 암조응 유지가 필요할 때
(7) 직무상 수신자가 자주 움직이는 경우

인간공학기사 실기시험 문제풀이 6회[203]

1 11개 공정의 소요시간이 다음과 같을 때 물음에 답하시오.

1공정	2공정	3공정	4공정	5공정	6공정	7공정	8공정	9공정	10공정	11공정
2분	1.5분	3분	2분	1분	1분	1.5분	1.5분	1.5분	2분	1분

(1) 주기시간을 구하시오.

(2) 시간당 생산량을 구하시오.

(3) 공정효율을 구하시오.

(풀이) **라인밸런싱**

(1) 주기시간은 가장 긴 공정시간이다. 가장 긴 공정이 3분이므로 주기시간은 3분이다.

(2) 1개 생산에 3분이 소요되므로, 60분/3분 = 20개

(3) 공정효율(%) = $\dfrac{\text{총 작업시간}}{\text{작업장 수} \times \text{주기시간}} \times 100$

$\quad\quad = \dfrac{2+1.5+3+2+1+1+1.5+1.5+1.5+2+1}{11 \times 3} \times 100$

$\quad\quad = 55\%$

2 다음 표는 우리나라 산업안전보건법상의 작업종류에 따른 조명수준을 나타낸 것이다. 빈칸을 채우시오.

작업의 종류	작업면 조명도
초정밀 작업	(1)
정밀 작업	(2)
보통 작업	(3)
기타 작업	(4)

(풀이) **적정조명 수준**

산업안전보건법상의 작업의 종류에 따른 조명수준은 다음과 같다.
(1) 초정밀 작업: 750 lux 이상
(2) 정밀 작업: 300 lux 이상
(3) 보통 작업: 150 lux 이상
(4) 기타 작업: 75 lux 이상

3 아래와 같은 경우의 설계에 응용할 수 있는 인체치수 설계원칙을 적으시오.

비상구의 높이	열차의 좌석 간 거리	그네의 중량하중

(풀이) **인체측정 자료의 응용원칙**

최대집단값에 의한 설계
(1) 통상 대상 집단에 대한 관련 인체측정변수의 상위 백분위수를 기준으로 하여 90%, 95% 혹은 99%값이 사용된다.
(2) 문, 탈출구, 통로 등과 같은 공간여유를 정하거나 줄사다리의 강도 등을 정할 때 사용한다.
(3) 예를 들어, 95% 값에 속하는 큰 사람을 수용할 수 있다면, 이보다 작은 사람은 모두 사용된다.

4 서블릭 기호 중 효율적인 것 2개와 비효율적인 것 2개의 기호를 쓰시오.

풀이 서블릭 기호(therblig symbols)

효율적 서블릭		비효율적 서블릭	
기본동작 부문	1. 빈손이동(TE)	정신적 또는 반정신적 부문	1. 찾기(Sh)
	2. 쥐기(G)		2. 고르기(St)
	3. 운반(TL)		3. 검사(I)
	4. 내려놓기(RL)		4. 바로놓기(P)
	5. 미리놓기(PP)		5. 계획(Pn)
동작목적을 가진 부문	1. 조립(A)	정체 부문	1. 휴식(R)
	2. 사용(U)		2. 피할 수 있는 지연(AD)
			3. 잡고 있기(H)
	3. 분해(DA)		4. 불가피한 지연(UD)

5 제이콥 닐슨(J. Nielsen)의 사용성 속성(척도) 중 3가지만 쓰시오.

풀이 닐슨(Nielsen)의 사용성 정의

제이콥 닐슨(J. Nielsen)의 사용성 속성(척도)은 다음과 같다.
(1) 학습용이성(Learnability): 초보자가 제품의 사용법을 얼마나 배우기 쉬운가를 나타낸다.
(2) 효율성(Efficiency): 숙련된 사용자가 원하는 일을 얼마나 빨리 수행할 수 있는가를 나타낸다.
(3) 기억용이성(Memorability): 오랜만에 다시 사용하는 재사용자들이 사용방법을 얼마나 기억하기 쉬운가를 나타낸다.
(4) 에러 빈도 및 정도(Error Frequency and Severity): 사용자가 에러를 얼마나 자주 하는가와 에러의 정도가 큰지 작은지 여부, 그리고 에러를 쉽게 만회할 수 있는지를 나타낸다.
(5) 주관적 만족도(Subjective Satisfaction): 제품에 대해 사용자들이 얼마나 만족하게 느끼고 있는가를 나타낸다.

6 다음 표는 100개의 제품 불량 검사 과정에 나타난 결과이다. 불량 제품을 불량 판정 내리는 것을 Hit라고 할 때, 각각의 확률을 구하시오(단, 소수 넷째 자리에서 반올림을 하시오).

구분	불량 제품	정상 제품
불량 판정	2	5
정상 판정	3	90

(1) P(S/S):

(2) P(S/N):

(3) P(N/S):

(4) P(N/N):

(풀이) **신호검출이론(SDT)**

신호의 유무를 판정하는 과정에서 네 가지의 반응 대안이 있으며, 각각의 확률은 다음과 같이 표현된다.
(1) Hit [P(S/S)]: 불량을 불량으로 판정: 2/5 = 0.400
(2) False Alarm [P(S/N)]: 정상을 불량으로 판정: 5/95 = 0.053
(3) Miss [P(N/S)]: 불량을 정상으로 판정: 3/5 = 0.600
(4) Correct Rejection [P(N/N)]: 정상을 정상으로 판정 = 90/95 = 0.947

7 양립성의 정의와 각 종류에 대해서 설명하시오.

(1) 양립성의 정의:

(2) 양립성의 종류:

(풀이) **양립성의 정의 및 종류**

(1) 양립성의 정의: 자극들 간의, 반응들 간의 혹은 자극-반응조합의 공간, 운동 혹은 개념적 관계가 인간의 기대와 모순되지 않는 것을 말한다.
(2) 양립성의 종류
   가. 개념양립성(Conceptual Compatibility): 코드나 심벌의 의미가 인간이 갖고 있는 개념과 양립
   나. 운동양립성(Movement Compatibility): 조종기를 조작하여 표시장치상의 정보가 움직일 때 반응결과가 인간의 기대와 양립
   다. 공간양립성(Spatial Compatibility): 공간적 구성이 인간의 기대와 양립

8 조종장치의 손잡이 길이가 3 cm이고, 90°를 움직였을 때 표시장치에서 3 cm가 이동하였다. (1) C/R비와 (2) 민감도를 높이기 위한 방안 2가지를 쓰시오.

> **풀이** 조종-반응비율(Control-Response Ratio)

(1) C/R비 $= \dfrac{(a\,/\,360)\times 2\pi L}{\text{표시장치 이동거리}}$

　　　여기서, a : 조종장치가 움직인 각도

　　　　　　　L : 반지름(지레의 길이)

　　C/R비 $= \dfrac{(90\,/\,360)\times(2\times 3.14\times 3)}{3} = 1.57$

(2) 민감도를 높이기 위한 방안

　　C/R비가 낮을수록 민감하므로, 표시장치의 이동거리를 크게 하고 조종장치의 움직이는 각도를 작게 한다.

9 수평면 작업영역 2가지를 쓰시오.

> **풀이** 작업공간

수평면 작업영역의 종류는 다음과 같다.

(1) 정상작업영역: 상완(上腕)을 자연스럽게 수직으로 늘어뜨린 채, 전완(前腕)만으로 편하게 뻗어 파악할 수 있는 구역(34~45 cm)이다.

(2) 최대작업영역: 전완과 상완을 곧게 펴서 파악할 수 있는 구역(55~65 cm)이다.

10 한 사이클의 관측평균시간이 10분, 레이팅계수가 120%, 근무시간에 대한 여유율이 10%일 때, 개당 표준시간을 계산하시오. 이때, 여유율을 나타내는 두 가지 방법에 따라 각각 구하시오.

(1) 외경법에 의한 방법:

(2) 내경법에 의한 방법:

> **풀이** 표준시간 구하는 공식

근무여유율 $= \dfrac{\text{여유시간}}{\text{근무시간}}$

∴ 여유시간 = 근무여유율×근무시간

$$= 10\% \times 480분 = 48분$$

(1) 외경법에 의한 방법(정미시간에 대한 비율을 여유율로 사용)

　가. 작업여유율 $= \dfrac{여유시간}{정미시간} \times 100 = \dfrac{여유시간}{근무시간 - 여유시간} \times 100 = \dfrac{48}{480 - 48} \times 100 = 11.11\%$

　나. 표준시간 = 관측시간 × 레이팅계수 × (1+작업여유율)

$$= 10 \times \frac{120}{100} \times (1 + 0.11) = 13.33분$$

(2) 내경법에 의한 방법(근무시간에 대한 비율을 여유율로 사용)

　가. 근무여유율 = 10%

　나. 표준시간 = 관측시간 × 레이팅계수 × $\left(\dfrac{1}{1 - 근무여유율} \right)$

$$= 10 \times \frac{120}{100} \times \left(1 - \frac{1}{0.1} \right) = 13.33분$$

11 근골격계질환 예방을 위한 관리적 개선방안 3가지를 쓰시오.

(풀이) **근골격계질환의 관리적 개선방안**

근골격계질환 예방을 위한 관리적 개선방안은 다음과 같다.
(1) 작업의 다양성 제공(작업 확대)
(2) 작업일정 및 작업속도 조절
(3) 작업자에 대한 휴식시간(회복시간) 제공
(4) 작업습관 변화
(5) 작업공간, 공구 및 장비의 정기적인 청소 및 유지보수
(6) 근골격계질환 예방체조의 도입(운동체조 강화)
(7) 근골격계질환 관련 교육 실시
(8) 작업자 교대

12 반사경 없이 모든 방향으로 빛을 발하는 점광원에서 3 m 떨어진 곳의 조도가 50 lux라면 5 m 떨어진 곳의 조도를 구하시오.

(풀이) **조도**

$$조도 = \frac{광량}{(거리)^2} = \frac{50}{\left(\dfrac{5}{3} \right)^2} = 18 \text{ lux}$$

13 1,000개의 제품 중 10개의 불량품이 발견되었다. 실제로 100개의 불량품이 있었다면 인간신뢰도는 얼마인지 구하시오.

> (풀이) **인간신뢰도**
>
> 휴먼에러확률(HEP) $= \hat{P} = \dfrac{\text{실제 인간의 에러 횟수}}{\text{전체 에러 기회의 횟수}} = \dfrac{100-10}{1000} = 0.09$
>
> 인간신뢰도 $= 1 - HEP = 1 - 0.09 = 0.91$

14 사업장에서 산업안전보건법에 의해 근골격계질환 예방·관리 프로그램을 시행해야 하는 경우를 쓰시오(단, 고용노동부 장관이 필요하다고 인정하여 명령하는 경우는 제외).

> (풀이) **근골격계질환 예방·관리 프로그램 시행**
>
> 사업장에서 근골격계질환 예방·관리 프로그램을 시행해야 하는 경우는 다음과 같다.
> (1) 근골격계질환으로 업무상 질병을 인정받은 근로자가 연간 10인 이상 발생한 사업장
> (2) 근골격계질환으로 업무상 질병을 인정받은 근로자가 5인 이상 발생한 사업장으로서 그 사업장 근로자수의 10% 이상인 경우

15 23 kg의 박스 2개를 들 때, LI 지수를 구하시오(단, RWL= 23 kg).

> (풀이) **RWL과 LI**
>
> LI = 작업물 무게/RWL = (23×2) kg/23 kg = 2

16 비행기의 조종장치는 운용자가 쉽게 인식하고 조작할 수 있도록 코딩을 해야 한다. 이때 사용되는 비행기의 조종장치에 대한 코딩(암호화) 방법 6가지를 쓰시오.

> (풀이) **코딩(암호화)**
>
> 조종장치에 대한 코딩(암호화)의 방법은 다음과 같다.
> (1) 색 코딩: 색에 특정한 의미가 부여될 때(예를 들어, 비상용 조종장치에는 적색) 매우 효과적인 방법이 된다.
> (2) 형상 코딩: 조종장치는 시각뿐만 아니라 촉각으로도 식별 가능해야 하며, 날카로운 모서리가 없어야 한다. 조종장치에 대한 형상 코딩의 주요 용도는 촉감으로 조종장치의 손잡이나 핸들을 식별하는 것이다.
> (3) 크기 코딩: 운용자가 적절한 조종장치를 선택하기 전에 촉감으로 구별하지 못할 때는 조종장치의 크기를 두 종류 혹은 많아야 세 종류만 사용하여야 한다(지름 1.3 cm, 두께 0.95 cm 차이 이상이면 촉각에 의해서 정

확하게 구별할 수 있다).

(4) 촉감 코딩: 표면의 촉감을 달리하는 코딩을 할 수 있다. 흔히 사용되는 표면가공 중 매끄러운 면, 세로 홈, 깔쭉면 표면의 3종류로 정확하게 식별할 수 있다.

(5) 위치 코딩: 유사한 기능을 가진 조종장치는 모든 패널에서 상대적으로 같은 위치에 있어야 하며, 운용자는 조종장치가 그들의 정면에 있을 때 위치를 좀 더 정확하게 구별할 수 있다.

(6) 작동방법에 의한 코딩: 작동방법에 의해서 조종장치를 암호화하면 각 조종장치는 고유한 작동방법을 갖게 된다. 예를 들면, 하나는 밀고 당기는 종류이고, 다른 것은 회전식인 경우이다.

17 다음 조건의 들기작업에 대해 NLE를 구하시오.

작업물 무게	HM	VM	DM	AM	FM	CM
8 kg	0.45	0.88	0.92	1.00	0.95	0.80

(1) RWL을 구하시오.

(2) LI를 구하시오.

(3) 조치수준을 설명하시오.

(풀이) **NLE(NIOSH Lifting Equation)**

(1) RWL = LC×HM×VM×DM×AM×FM×CM
   = 23×0.45×0.88×0.92×1.00×0.95×0.80
   = 6.37 kg

(2) LI = 작업물 무게/RWL
  = 8 kg/6.37 kg

= 1.26

(3) 조치수준: LI가 1보다 크므로 이 작업은 요통발생의 발생위험이 높다. 따라서 들기 지수(LI)가 1 이하가 되도록 작업을 설계/재설계할 필요가 있다.

18 어느 작업장의 8시간 작업 동안 발생한 소음수준과 발생시간은 다음과 같다.

90 dB(A): 4.0시간, 95 dB(A): 3.0시간, 100 dB(A): 1.0시간

소음노출지수를 구하고 TWA를 구하시오.

(풀이) **소음노출지수**

(1) 소음노출지수(D) = $\left(\dfrac{C_1}{T_1} + \dfrac{C_2}{T_2} + ... + \dfrac{C_n}{T_n} \right) \times 100$

여기서, C_i: 특정 소음 내에 노출된 총 시간

T_i: 특정 소음 내에서의 허용노출기준

소음노출지수(D) = $\left(\dfrac{4}{8} + \dfrac{3}{4} + \dfrac{1}{2} \right) \times 100 = 175$

(2) TWA = $16.61\log(D/100) + 90 \, dB(A)$

= $16.61\log(175/100) + 90 \, dB(A)$

= $94.04 \, dB(A)$

인간공학기사 실기시험 문제풀이 7회[202]

1 제이콥 닐슨(J. Nielsen) 사용성 속성(척도) 5가지를 기술하시오.

> (풀이) **닐슨(Nielsen)의 사용성 정의**

제이콥 닐슨(J. Nielsen)의 사용성 속성(척도)은 다음과 같다.
(1) 학습용이성(Learnability): 초보자가 제품의 사용법을 얼마나 배우기 쉬운가를 나타낸다.
(2) 효율성(Efficiency): 숙련된 사용자가 원하는 일을 얼마나 빨리 수행할 수 있는가를 나타낸다.
(3) 기억용이성(Memorability): 오랜만에 다시 사용하는 재사용자들이 사용방법을 얼마나 기억하기 쉬운가를 나타낸다.
(4) 에러 빈도 및 정도(Error Frequency and Severity): 사용자가 에러를 얼마나 자주 하는가와 에러의 정도가 큰지 작은지 여부, 그리고 에러를 쉽게 만회할 수 있는지를 나타낸다.
(5) 주관적 만족도(Subjective Satisfaction): 제품에 대해 사용자들이 얼마나 만족하게 느끼고 있는가를 나타낸다.

2 작업장 구성요소 배치의 원칙 4가지를 쓰시오.

> (풀이) **구성요소(부품) 배치의 원칙**

작업장 구성요소 배치의 원칙은 다음과 같다.
(1) 중요성의 원칙: 부품을 작동하는 성능이 체계의 목표달성에 긴요한 정도에 따라 우선순위를 설정한다.
(2) 사용빈도의 원칙: 부품을 사용하는 빈도에 따라 우선순위를 설정한다.
(3) 기능별 배치의 원칙: 기능적으로 관련된 부품들(표시장치, 조종장치 등)을 모아서 배치한다.
(4) 사용순서의 원칙: 사용순서에 따라 장치들을 가까이 배치한다.

3 산업안전보건법에서 정한 안전관리자의 업무 5가지를 쓰시오(단, 기타 안전에 관한 사항으로서 고용노동부 장관이 정하는 사항은 제외한다).

> **풀이** **안전관리자의 업무**

산업안전보건법에서 정한 안전관리자의 업무는 다음과 같다.
(1) 산업안전보건위원회 또는 안전 및 보건에 관한 노사협의체에서 심의·의결한 업무와 해당 사업장의 안전보건관리규정 및 취업규칙에서 정한 업무
(2) 위험성평가에 관한 보좌 및 지도·조언
(3) 안전인증대상기계 등과 자율안전확인대상기계 등 구입 시 적격품의 선정에 관한 보좌 및 지도·조언
(4) 해당 사업장 안전교육계획의 수립 및 안전교육 실시에 관한 보좌 및 지도·조언
(5) 사업장 순회점검, 지도 및 조치 건의
(6) 산업재해발생의 원인조사·분석 및 재발 방지를 위한 기술적 보좌 및 지도·조언
(7) 산업재해에 관한 통계의 유지·관리·분석을 위한 보좌 및 지도·조언
(8) 법 또는 법에 따른 명령으로 정한 안전에 관한 사항의 이행에 관한 보좌 및 지도·조언
(9) 업무 수행 내용의 기록·유지

4 제조물책임법상 결함의 종류에 대한 정의를 쓰시오.

(1) 제조상의 결함:

(2) 설계상의 결함:

(3) 표시상의 결함:

> **풀이** **제조물책임법에서의 결함**

(1) 제조상의 결함: 제품의 제조과정에서 발생하는 결함으로, 원래의 도면이나 제조방법대로 제품이 제조되지 않았을 때도 여기에 해당된다.
(2) 설계상의 결함: 제품의 설계 그 자체에 내재하는 결함으로 설계대로 제품이 만들어졌더라도 결함으로 판정되는 경우이다. 즉, 제조업자가 합리적인 대체설계를 채용하였더라면 피해나 위험을 줄이거나 피할 수 있었음에도 대체설계를 채용하지 아니하여 당해 제조물이 안전하지 못하게 된 경우이다.
(3) 표시(지시·경고)상의 결함: 제품의 설계와 제조과정에 아무런 결함이 없다 하더라도 소비자가 사용상의 부주의나 부적당한 사용으로 발생할 위험에 대비하여 적절한 사용 및 취급 방법 또는 경고가 포함되어 있지 않을 때에 해당된다.

5 정량적 시각표시장치의 시거리를 71 cm 기준으로 설계할 때 눈금단위의 길이가 1.8 mm이다. 재설계 과정에서 시거리를 91 cm로 변경하였다면, 동일한 시각을 유지하기 위한 눈금단위의 길이(mm)를 구하시오.

(풀이) **정량적 눈금의 길이**

$71\text{cm} : 1.8\text{mm} = 91\text{cm} : x$

$x = \dfrac{1.8 \times 910}{710} = 2.31\text{mm}$

6 어떤 작업의 정미시간은 0.9분이고 1일 8시간 근무시간의 10%를 근무여유율로 하면서 1일 표준 생산량(개)을 구하시오(단, 1일 총 근로시간은 8시간이다).

(풀이) **표준시간 구하는 공식 중 내경법**

정미시간 = 0.9분, 근무여유율 = 10%

표준시간 = 정미시간 $\times \left(\dfrac{1}{1 - \text{여유율}} \right)$

$= 0.9 \times \left(\dfrac{1}{1 - 0.1} \right) = 1$분

1일 표준 생산량 = $\dfrac{1\text{일 가용 생산시간}}{\text{표준시간}} = \dfrac{480}{1} = 480$개

7 근골격계질환 예방·관리 프로그램에 기본적으로 포함되어야 할 사항 5가지를 쓰시오.

(풀이) **근골격계질환 예방·관리 프로그램의 일반적 구성요소**

근골격계질환 예방·관리 프로그램에 기본적으로 포함되어야 할 사항은 다음과 같다.
(1) 유해요인조사
(2) 유해요인 통제(관리)
(3) 의학적 조치
(4) 교육 및 훈련
(5) 작업환경 개선활동

8 인체측정 자료를 이용하여 제품이나 물건의 설계원리를 적으시오.

(풀이) **인체측정 자료의 응용원칙**

인체측정 자료를 이용한 설계원리는 다음과 같다.

(1) 평균치를 이용한 설계원칙

　가. 인체측정학 관점에서 볼 때 모든 면에서 보통인 사람이란 있을 수 없다. 따라서, 이런 사람을 대상으로
　　　장비를 설계하면 안 된다는 주장에도 논리적 근거가 있다.

　나. 특정한 장비나 설비의 경우, 최대집단값이나 최소집단값을 기준으로 설계하기도 부적절하고 조절식으로
　　　하기도 불가능할 경우 평균값을 기준으로 설계한다.

(2) 극단치를 이용한 설계원칙

　가. 특정한 설비를 설계할 때, 어떤 인체측정 특성의 한 극단에 속하는 사람을 대상으로 설계하면 거의 모든
　　　사람을 수용할 수 있다.

　나. 최대집단값에 의한 설계

　　　1. 통상 대상 집단에 대한 관련 인체측정변수의 상위 백분위수를 기준으로 하여 90%, 95% 혹은 99%
　　　　 값이 사용된다.

　　　2. 95% 값에 속하는 큰 사람을 수용할 수 있다면, 이보다 작은 사람은 모두 사용된다.

　다. 최소집단값에 의한 설계

　　　1. 관련 인체측정 변수분포의 1%, 5%, 10% 등과 같은 하위 백분위수를 기준으로 정한다.

　　　2. 팔이 짧은 사람이 잡을 수 있다면, 이보다 긴 사람은 모두 잡을 수 있다.

(3) 조절식 설계원칙

　가. 체격이 다른 여러 사람에게 맞도록 조절식으로 만드는 것을 말한다. 따라서, 통상 5~95%까지 범위의 값
　　　을 수용대상으로 하여 설계한다.

9 신호검출이론(Signal Detection Theory)이 적용되는 분야 3가지만 쓰시오.

(풀이) **신호검출이론(SDT)**

신호검출이론이 적용되는 분야는 다음과 같다.

(1) 레이더 상의 점

(2) 배경 속의 신호등

(3) 시끄러운 공장에서의 경고음

10 어떤 요소작업에 소요되는 시간을 10회 측정한 결과 평균시간이 2.20분, 표준편차가 0.35분
이었다. 각 물음에 답하시오.

(1) 레이팅 계수가 110%, 정미시간에 대한 PDF 여유율은 20%일 때, 표준시간과 8시

간 근무 중 PDF 여유시간을 구하시오.

가. 표준시간(분):

나. 8시간 근무 중 PDF 여유시간(분):

(2) '(1)'항에서 여유율 20%를 근무시간에 대한 비율로 잘못 인식하여 표준시간을 계산할 경우 기업과 근로자 중 어느 쪽에 불리하게 되는지 표준시간을 구하여 판단하시오.

풀이 **표준시간의 계산**

(1) 가. 표준시간(분): 외경법 풀이(정미시간에 대한 비율을 여유율로 사용)

$$표준시간 = 관측시간의 평균 \times \frac{레이팅\ 계수}{100} \times (1 + 여유율)$$

$$= 2.20 \times \frac{110}{100} \times (1 + 0.2) = 2.90$$

나. 8시간 근무 중 PDF 여유시간(분)

표준시간에 대한 여유시간 = 표준시간 − 정미시간 = 2.90 − 2.42 = 0.48

$$표준시간에\ 대한\ 여유시간\ 비율 = \frac{표준시간에\ 대한\ 여유시간}{표준시간}$$

$$= \frac{0.48}{2.90} = 0.17$$

따라서, 8시간 근무 중 여유시간 = 480×0.17 = 81.6분

(2) 내경법 풀이(근무시간에 대한 비율을 여유율로 사용)

$$표준시간 = 관측시간의 평균 \times \frac{레이팅\ 계수}{100} \times \left(\frac{1}{1 - 여유율} \right)$$

$$= 2.20 \times \frac{110}{100} \times \left(\frac{1}{1 - 0.2} \right) = 3.03$$

따라서, 외경법으로 구한 표준시간은 2.90, 여유율을 잘못 인식하여 내경법으로 구한 표준시간은 3.03으로 내경법으로 구한 표준시간이 크므로 기업 쪽에서 불리하다.

---

11 작업개선의 ECRS 원칙에 대해 설명하시오.

(1) E:

(2) C:

(3) R:

(4) S:

작업개선의 ECRS 원칙
(1) 제거(Eliminate): 불필요한 작업, 작업요소의 제거
(2) 결합(Combine): 다른 작업, 작업요소와의 결합
(3) 재배열(Rearrange): 작업순서의 변경
(4) 단순화(Simplify): 작업, 작업요소의 단순화, 간소화

12 미숙련자가 잘 모르고 제품을 사용하더라도 고장이 발생하지 않도록 하거나 작동을 하지 않도록 하여 사고를 낼 확률을 낮게 해주는 설계원칙이 무엇이라 하는지 쓰시오.

인간-기계 신뢰도 유지방안
풀 프루프(Fool-proof): 풀(Fool)은 어리석은 사람으로 번역되며, 제어장치에 대하여 인간의 오동작을 방지하기 위한 설계를 말한다. 미숙련자가 잘 모르고 제품을 사용하더라도 고장이 발생하지 않도록 하거나 작동을 하지 않도록 하여 안전을 확보하는 방법이다.

13 인간의 오류 중 착오, 실수, 건망증에 대해 설명하시오.

(1) 착오:

(2) 실수:

(3) 건망증:

휴먼에러의 유형
(1) 착오: 부적합한 의도를 가지고 행동으로 옮긴 경우
(2) 실수: 의도는 올바른 것이지만 반응의 실행이 올바른 것이 아닌 경우
(3) 건망증: 여러 과정이 연계적으로 일어나는 행동을 잊어버리고 안하는 경우

14 길이 10 cm의 회전운동을 하는 레버형 조종장치를 30° 움직였을 때, 표시장치는 1 cm가 이동하였다. C/R비를 구하시오.

> **풀이** 조종-반응비율(Control-Response Ratio)

$$C/R비 = \frac{(a/360) \times 2\pi L}{표시장치\ 이동거리}$$

여기서, a: 조종장치가 움직인 각도
L: 반지름(조종장치의 길이)

$$C/R비 = \frac{(30/360) \times (2 \times 3.14 \times 10)}{1} = 5.23$$

15 권장무게한계(RWL)가 7.8 kg, 포장박스의 무게가 10.3 kg일 때 LI 지수를 구하고 작업조건 평가를 하시오.

> **풀이** RWL과 LI

(1) LI 지수 = 작업물 무게/RWL
= 10.3 kg/7.8 kg
= 1.32

(2) 평가: LI가 1보다 크므로 이 작업은 요통발생의 발생위험이 높다. 따라서 들기 지수(LI)가 1 이하가 되도록 작업을 설계/재설계할 필요가 있다.

16 OWAS 조치단계 분류 4가지를 설명하시오.

> **풀이** OWAS

OWAS 조치단계 분류는 다음과 같다.
(1) Action category 1: 이 자세에 의한 근골격계 부담은 문제없다. 개선 불필요하다.
(2) Action category 2: 이 자세는 근골격계에 유해하다. 가까운 시일 내에 개선해야 한다.
(3) Action category 3: 이 자세는 근골격계에 유해하다. 가능한 한 빠른 시일 내에 개선해야 한다.
(4) Action category 4: 이 자세는 근골격계에 매우 유해하다. 즉시 개선해야 한다.

17 근육 수축 시 미오신과 액틴은 길이가 변하지 않는다. 이때, 액틴과 미오신이 중첩된 짙은 갈색 부분을 무엇이라 하는지 쓰시오.

> (풀이) **근육의 구성**
>
> A대: 액틴과 미오신의 중첩된 부분이며, 어둡게 보인다.

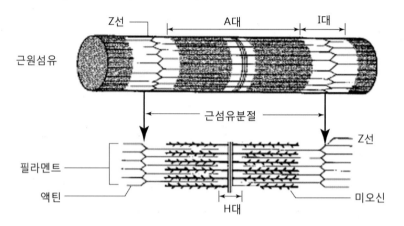

18 산업안전보건법령상 산업재해 예방을 위하여 종합적인 개선조치가 필요하다고 인정하여 사업주에게 안전보건개선계획을 수립, 시행하도록 명할 수 있는 사업장을 [보기]에서 모두 고르시오.

보기

ㄱ. 산업재해율이 같은 업종의 규모별 평균 산업재해율보다 높은 사업장
ㄴ. 사업주가 필요한 안전조치 또는 보건조치를 이행하지 아니하여 중대재해가 발생한 사업장
ㄷ. 대통령령으로 정하는 수 이상의 직업성 질병자가 발생한 사업장
ㄹ. 유해인자 노출기준의 노출기준을 초과한 사업장

> (풀이) **안전보건개선계획을 수립하여야 할 사업장**
>
> 정답은 ㄱ, ㄴ, ㄷ, ㄹ이다.

인간공학기사 실기시험 문제풀이 8회[201]

1 Barnes의 동작경제 원칙 중 작업역 배치에 관한 원칙 5가지를 쓰시오.

> **풀이** **Barnes의 동작경제의 원칙**

Barnes의 동작경제 원칙 중 작업역 배치에 관한 원칙은 다음과 같다.

(1) 모든 공구와 재료는 일정한 위치에 정돈되어야 한다.

(2) 공구와 재료는 작업이 용이하도록 작업자의 주위에 있어야 한다.

(3) 중력을 이용한 부품상자나 용기를 이용하여 부품을 부품 사용 장소에 가까이 보낼 수 있도록 한다.

(4) 가능하면 낙하시키는 방법을 이용하여야 한다.

(5) 공구 및 재료는 동작에 가장 편리한 순서로 배치하여야 한다.

(6) 채광 및 조명장치를 잘 하여야 한다.

(7) 의자와 작업대의 모양과 높이는 각 작업자에게 알맞도록 설계되어야 한다.

(8) 작업자가 좋은 자세를 취할 수 있는 모양, 높이의 의자를 지급해야 한다.

2 점멸융합주파수(CFF)에 대하여 설명하시오.

> **풀이** **점멸융합주파수**

점멸융합주파수(Critical Flicker Fusion Frequency; CFF): 빛을 일정한 속도로 점멸시키면 깜박거려 보이나 점멸의 속도를 빨리하면 깜박임이 없고 융합되어 연속된 광으로 보일 때의 점멸주파수이다. 점멸융합주파수는 피곤함에 따라 빈도가 감소하기 때문에 중추신경계의 피로, 즉 '정신피로'의 척도로 사용될 수 있다. 잘 때나 멍하게 있을 때에 CFF가 낮고, 마음이 긴장되었을 때나 머리가 맑을 때에 높아진다.

3 다음은 THERP에 대한 문제이다. A(밸브를 연다)와 B(밸브를 천천히 잠근다)를 실시할 때 성공할 확률은 얼마인지 구하시오.

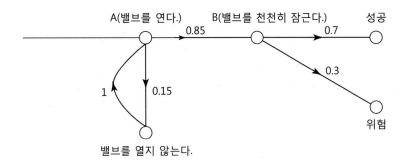

A(밸브를 연다.) 0.85 B(밸브를 천천히 잠근다.) 0.7 성공

0.3

위험

1 0.15

밸브를 열지 않는다.

풀이 **THERP**

(1) A(밸브를 연다)의 성공할 확률

밸브를 열기 전 "밸브를 열지 않는다"라는 선택 과정을 지나 밸브를 여는 행동을 수행할 수 있다. 하지만 밸브를 열지 않는다는 과정은 성공할 확률이 0.15, 1이므로 무한 반복가능하다. 그러므로, 무한등비수열의 합 공식을 사용하여 "밸브를 연다"라는 행동의 성공 확률을 계산할 수 있다.

무한등비수열을 사용한 A(밸브를 연다)가 성공할 확률은 아래와 같다.

$$\sum_{k=1}^{\infty} ar^{k-1} = a+ar+ar^2+\cdots ar^{n-1}+\cdots = \frac{a}{1-r}(|r|<1 \text{일 때})$$

$$= 0.85+0.85(0.15)+0.85(0.15)^2+\cdots 0.85(0.15)^{k-1}+\cdots$$

$$= \frac{0.85}{1-0.15} = 1$$

(2) B(밸브를 천천히 잠근다)의 성공할 확률 = 0.7

따라서, P(A)×P(B) = 1×0.7 = 0.7

4 인체측정의 방법 중 구조적/기능적 인체치수를 구분하여 표의 빈칸을 알맞게 채우시오.

구분	인체측정 방법
신장	( )
손목 굴곡 범위	( )
정상 작업 영역	( )
수직 파악 한계	( )
대퇴 여유	( )

인체측정의 방법

구분	인체측정 방법
신장	(구조적 인체치수)
손목 굴곡 범위	(기능적 인체치수)
정상 작업 영역	(기능적 인체치수)
수직 파악 한계	(구조적 인체치수)
대퇴 여유	(구조적 인체치수)

5 양립성의 종류 3가지와 각 종류에 대한 예시를 한 가지씩 쓰시오.

양립성

양립성의 종류 및 예시는 다음과 같다.
(1) 개념양립성(Conceptual Compatibility)
　코드나 심벌의 의미가 인간이 갖고 있는 개념과 양립
　예시: 정수기의 빨간 버튼은 온수, 파란 버튼은 냉수

(2) 공간양립성(Spatial Compatibility)
　공간적 구성이 인간의 기대와 양립
　예시: 가스레인지의 오른쪽 조리대는 오른쪽 조절장치로, 왼쪽 조리대는 왼쪽 조절장치로 조절

(3) 운동양립성(Movement Compatibility)
　조종기를 조작하여 표시장치상의 정보가 움직일 때 반응결과가 인간의 기대와 양립
　예시: 라디오의 음량을 줄일 때 조절장치를 반시계 방향으로 회전

6 다음의 설계원칙을 설명하시오.

(1) Fool-proof:

(2) Fail-safe:

(3) Tamper-proof:

(1) Fool-proof: 신체적 조건이나 정신적 능력이 낮은 사용자라 하더라도 사고를 낼 확률을 낮게 해주는 설계원칙
(2) Fail-safe: 부품이 고장 나더라도 그것이 재해로 이어지지 않도록 안전장치의 장착을 통해 사고를 예방하도록 한 설계원칙
(3) Tamper-proof: 사용자 또는 조작자가 임의로 장비의 안전장치를 제거할 경우, 장비가 작동되지 않도록 하는 안전설계원칙

7 71 cm 기준일 때, 정상조명에서의 눈금 식별 길이는 1.3 mm이고 낮은 조명에서의 눈금 식별 길이는 1.8 mm이다. 낮은 조명 시 5 m 거리의 눈금 식별 길이를 구하시오(단, 소수 셋째 자리까지 쓰시오).

풀이 **정량적 눈금의 길이**

0.71 m: 1.8 mm $= 5$ m: x

$$x = \frac{1.8 \times 5000}{710} = 12.676 \text{ mm}$$

8 빈손이동, 쥐기, 바로놓기, 검사, 선택의 서블릭 기호를 쓰시오.

풀이 **서블릭 기호(therblig symbols)**

명칭	기호
빈손이동	TE
쥐기	G
바로놓기	P
검사	I
선택	St

9 다음 [보기]의 예를 보고 답하시오.

보기

예) 신호를 신호로 판정: 긍정(Hit)

(1) 잡음을 신호로 판정:

(2) 신호를 잡음으로 판정:

(3) 잡음을 잡음으로 판정:

(풀이) **신호검출이론(SDT)**

(1) 허위(False Alarm): 잡음을 신호로 판정, P(S/N)
(2) 누락(Miss): 신호가 나타났는데도 잡음으로 판정, P(N/S)
(3) 부정(Correct Noise): 잡음만 있을 때 잡음이라고 판정 P(N/N)

10 NIOSH Lifting Equation의 들기계수 6가지를 쓰시오.

(풀이) **NLE(NIOSH Lifting Equation)**

NIOSH Lifting Equation의 들기계수는 다음과 같다.
(1) HM(수평계수, Horizontal Multiplier)
(2) VM(수직계수, Vertical Multiplier)
(3) DM(거리계수, Distance Multiplier)
(4) AM(비대칭계수, Asymmetric Multiplier)
(5) FM(빈도계수, Frequency Multiplier)
(6) CM(결합계수, Coupling Multiplier)

11 수평면 작업영역에서 2가지 작업영역에 대해 설명하시오.

(풀이) **작업공간**

수평면 작업영역의 종류는 다음과 같다.
(1) 정상작업영역: 상완을 자연스럽게 수직으로 늘어뜨린 채, 전완만으로 편하게 뻗어 파악할 수 있는 구역(34~45 cm)이다.
(2) 최대작업영역: 전완과 상완을 곧게 펴서 파악할 수 있는 구역(55~65 cm)이다.

12 전력공급 차단을 대비하기 위해 전력공급 기계장치의 Backup software가 존재한다. 전력공급사의 작업자 오류발생 확률이 10%, 전력공급 기계장치 자체의 오작동발생 확률이 5%이고 Backup software의 오작동발생 확률이 10% 일 때, 전체 시스템 신뢰도 R을 구하시오(단, 소수 넷째 자리까지 쓰시오).

> (풀이) **설비의 신뢰도**

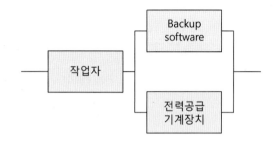

신뢰도 R = 0.9×{1−(1−0.9)×(1−0.95)} = 0.8955

13 VDT 작업의 설계와 관련하여 다음 빈칸을 채우시오.

(1) 눈과 모니터와의 거리는 최소 (　　　)cm 이상이 확보되도록 한다.

(2) 팔꿈치의 내각은 (　　　)° 이상 되어야 한다.

(3) 무릎의 내각은 (　　　)° 전후가 되도록 한다.

> (풀이) **VDT 작업의 작업자세**
>
> (1) 눈과 모니터와의 거리는 최소 (　40　)cm 이상이 확보되도록 한다.
> (2) 팔꿈치의 내각은 (　90　)° 이상 되어야 한다. 조건에 따라 70°~135°까지 허용 가능해야 한다.
> (3) 무릎의 내각은 (　90　)° 전후가 되도록 한다.

14 공정도(ASME)에서 사용되는 공정기호 중 '가공', '정체', '저장', '검사' 외 나머지 공정을 쓰시오.

> (풀이) **공정도**
>
> 운반 (⇨): 작업 대상물이 한 장소에서 다른 장소로 이전하는 상태이다.

15 근골격계 부담작업에 대하여 다음 빈칸을 채우시오.

(1) 하루에 (   )시간 이상 집중적으로 자료입력 등을 위해 키보드 또는 마우스를 조작하는 작업이다.

(2) 하루에 총 (   )시간 이상 목, 어깨, 팔꿈치, 손목 또는 손을 사용하여 같은 동작을 반복하는 작업이다.

(3) 하루에 (   )회 이상 25 kg 이상의 물체를 드는 작업이다.

(4) 하루에 (   )회 이상 10 kg 이상의 물체를 무릎 아래에서 들거나, 위에서 들거나 팔을 뻗은 상태에서 드는 작업이다.

(풀이) **근골격계 부담작업**

(1) 하루에 (4)시간 이상 집중적으로 자료입력 등을 위해 키보드 또는 마우스를 조작하는 작업이다.

(2) 하루에 총 (2)시간 이상 목, 어깨, 팔꿈치, 손목 또는 손을 사용하여 같은 동작을 반복하는 작업이다.

(3) 하루에 (10)회 이상 25 kg 이상의 물체를 드는 작업이다.

(4) 하루에 (25)회 이상 10 kg 이상의 물체를 무릎 아래에서 들거나, 위에서 들거나 팔을 뻗은 상태에서 드는 작업이다.

---

16 5개 공정에서 주기시간이 6분인 경우 평균효율을 구하시오.

1공정	2공정	3공정	4공정	5공정
5분	4분	3분	4분	6분

(풀이) **라인밸런싱**

$$\text{평균효율(균형효율, \%)} = \frac{\text{총 작업시간}}{\text{작업장 수} \times \text{주기시간}} \times 100$$

$$= \frac{5+4+3+4+6}{5 \times 6} \times 100$$

$$= 73.33\%$$

• 작업주기시간: 작업공정 중 가장 긴 작업시간

17 [보기]를 보고 알맞은 기호를 넣으시오.

보기

ㄱ. 남 95%ile   ㄴ. 남 5%ile

ㄷ. 여 95%ile   ㄹ. 여 5%ile

ㅁ. 남녀 평균 합산 50%ile

---

(1) 조절치: (   ) ~ (   )

(2) 최소극단치: (   )

(3) 최대극단치: (   )

(4) 평균치: (   )

풀이   **인체측정 자료의 응용원칙**

(1) 조절치: (ㄹ. 여 5%ile) ~ (ㄱ. 남 95%ile)
(2) 최소극단치: (ㄹ. 여 5%ile)
(3) 최대극단치: (ㄱ. 남 95%ile)
(4) 평균치: (ㅁ. 남녀 평균 합산 50%ile)

18 근골격계질환 예방·관리 교육에 대하여 사업주가 근로자에게 알려야 하는 사항 3가지를 쓰시오(기타, 근골격계질환 예방에 관련된 사항은 제외한다).

풀이   **근골격계질환 예방·관리 교육**

근골격계질환 예방·관리 교육에 대하여 사업주가 근로자에게 알려야 하는 사항은 다음과 같다.
(1) 근골격계 부담작업에서의 유해요인
(2) 작업도구와 장비 등 작업시설의 올바른 사용방법
(3) 근골격계질환의 증상과 징후 식별방법 및 보고방법
(4) 근골격계질환 발생 시 대처요령

인간공학기사 실기시험 문제풀이 9회[193]

1 서블릭에 대해 알맞은 내용을 쓰시오.

동작연구를 통하여 인간이 행하는 모든 (   )은 (   )가지의 기본동작으로 구성될 수 있다. (   )에 의해 만들어졌으며, 동작내용보다는 (   )을 중요시 한다.

풀이 **길브레스의 서블릭 기호**

동작연구를 통하여 인간이 행하는 모든 (수작업)은 (18)가지의 기본동작으로 구성될 수 있다. (길브레스)에 의해 만들어졌으며, 동작내용보다는 (동작목적)을 중요시 한다.

2 시력이 0.5일 때 링스톤 1.5 mm를 식별할 수 있는 거리를 구하시오(단, 소수 넷째 자리에서 반올림하시오).

풀이 **최소가분시력**

$$시각 = \frac{1}{시력}, \quad 시각(') = \frac{(57.3)(60)H}{D}$$

여기서, H: 시각자극(물체)의 크기(높이)

D: 눈과 물체 사이의 거리

(57.3)(60): 시각이 600′ 이하일 때 라디안(radian) 단위를 분으로 환산하기 위한 상수

$$\frac{1}{0.5} = \frac{57.3 \times 60 \times 1.5}{D}$$

D = 57.3×60×1.5×0.5 = 2578.5 mm = 2.579 m

3 Barnes의 동작경제 원칙 3가지를 쓰고, 한 가지씩 예를 쓰시오.

(풀이) **Barnes의 동작경제의 원칙**

Barnes의 동작경제 원칙은 다음과 같다.
(1) 신체의 사용에 관한 원칙
    가. 양손은 동시에 동작을 시작하고, 또 끝마쳐야 한다.
    나. 휴식시간 이외에 양손이 동시에 노는 시간이 있어서는 안 된다.
    다. 양팔은 각기 반대방향에서 대칭적으로 동시에 움직여야 한다.
    라. 손의 동작은 작업을 원만히 처리할 수 있는 범위 내에서 최소동작등급을 사용하도록 한다. 3등급 동작이 손가락만의 동작보다 정확하고 덜 피곤하기 때문에 경작업의 경우에는 3등급 동작이 바람직하다.
    마. 작업자들을 돕기 위하여 동작의 관성을 이용하여 작업하는 것이 좋다.
    바. 구속되거나 제한된 동작 또는 급격한 방향 전환보다는 유연한 동작이 좋다.
    사. 작업동작은 율동이 맞아야 한다.
    아. 직선동작보다는 연속적인 곡선동작을 취하는 것이 좋다.
    자. 탄도동작(ballistic movement)은 제한되거나 통제된 동작보다 더 신속·정확·용이하다.

(2) 작업역의 배치에 관한 원칙
    가. 모든 공구와 재료는 일정한 위치에 정돈되어야 한다.
    나. 공구와 재료는 작업이 용이하도록 작업자의 주위에 있어야 한다.
    다. 중력을 이용한 부품상자나 용기를 이용하여 부품을 부품 사용 장소에 가까이 보낼 수 있도록 한다.
    라. 가능하면 낙하시키는 방법을 이용하여야 한다.
    마. 공구 및 재료는 동작에 가장 편리한 순서로 배치하여야 한다.
    바. 채광 및 조명장치를 잘 하여야 한다.
    사. 의자와 작업대의 모양과 높이는 각 작업자에게 알맞도록 설계되어야 한다.
    아. 작업자가 좋은 자세를 취할 수 있는 모양, 높이의 의자를 지급해야 한다.

(3) 공구 및 설비의 설계에 관한 원칙
    가. 치구, 고정장치나 발을 사용함으로써 손의 작업을 보존하고 손은 다른 동작을 담당하도록 하면 편리하다.
    나. 공구류는 될 수 있는 대로 두 가지 이상의 기능을 조합한 것을 사용하여야 한다.
    다. 공구류 및 재료는 될 수 있는 대로 다음에 사용하기 쉽도록 놓아두어야 한다.
    라. 각 손가락이 사용되는 작업에서는 각 손가락의 힘이 같지 않음을 고려하여야 할 것이다.
    마. 각종 손잡이는 손에 가장 알맞게 고안함으로써 피로를 감소시킬 수 있다.
    바. 각종 레버나 핸들은 작업자가 최소의 움직임으로 사용할 수 있는 위치에 있어야 한다.

4 ILO 피로여유율에서 변동 여유율 9가지 중 5가지를 쓰시오.

(풀이) **ILO 여유율**

ILO 피로여유율 중 변동 여유율은 다음과 같다.
(1) 작업자세
(2) 중량물 취급

(3) 조명
(4) 공기조건
(5) 눈의 긴장도
(6) 소음
(7) 정신적 긴장도
(8) 정신적 단조감
(9) 신체적 단조감

5 다음은 양립성에 대한 예이다. 각각 어떠한 양립성에 해당하는지 빈칸을 채우시오.

> 자동차 핸들을 오른쪽으로 돌리면 오른쪽으로 움직이고, 왼쪽으로 돌리면 왼쪽으로 움직이는 것을 (   )양립성, 오른쪽 스위치를 켜면 오른쪽 전등이 켜지고, 왼쪽 스위치를 켜면 왼쪽 전등이 켜지는 것을 (   )양립성, 간장통은 검은색, 식초통은 흰색이라고 인지하는 것을 (   )양립성이라 한다.

(풀이) **양립성**

자동차 핸들을 오른쪽으로 돌리면 오른쪽으로 움직이고, 왼쪽으로 돌리면 왼쪽으로 움직이는 것을 (운동)양립성, 오른쪽 스위치를 켜면 오른쪽 전등이 켜지고, 왼쪽 스위치를 켜면 왼쪽 전등이 켜지는 것을 (공간)양립성, 간장통은 검은색, 식초통은 흰색이라고 인지하는 것을 (개념)양립성이라 한다.

6 다음 문제를 보고 알맞은 내용을 쓰시오.

(1) 색을 구별하며, 황반에 집중되어 있는 세포:

(2) 주로 망막 주변에 있으며 밤처럼 조도수준이 낮을 때 기능을 하고, 흑백의 음영만을 구분하는 세포:

(풀이) **망막의 구조**

(1) 원추세포
(2) 간상세포

7 감성공학에서 인간이 어떤 제품에 대해 가지는 이미지를 물리적 설계요소로 번역해 주는 방법 2가지를 쓰시오.

(풀이) **감성공학의 유형**

감성공학에서 인간이 어떤 제품에 대해 가지는 이미지를 물리적 설계요소로 번역해 주는 방법은 다음과 같다.

(1) 감성공학 I류

SD법(SD; Semantic Difference)으로 심상을 조사하고, 그 자료를 분석해 심상을 구성하는 설계요소를 찾아 내는 방법이다. 주택, 승용차, 유행 의상 등 사용자의 감성에 의해 제품이 선택될 기회가 많은 대상에 대하여 어떠한 감성이 어떠한 설계요소로 번역되는지에 관한 자료기반(database)을 가지며, 그로부터 의도적으로 제품개발을 추진하는 방법이다.

(2) 감성공학 II류

감성어휘로 표현했을지라도 성별이나 연령차에 따라 품고 있는 이미지에는 다소의 차이가 있게 된다. 특히, 생활양식이 다르면 표출하고 있는 이미지에 커다란 차이가 존재한다. 연령, 성별, 연간수입 등의 인구통계적 (demographic) 특성 이외에 생활양식 등을 포함하여 이러한 관련성으로부터 그 사람의 이미지를 구체적으로 결정하는 방법을 감성공학 II류라고 한다.

(3) 감성공학 III류

감성어휘 대신에 평가원(panel)이 특정한 시제품을 사용하여 자기의 감각척도로 감성을 표출하고, 이에 대하여 번역체계를 완성하거나 혹은 제품개발을 수행하는 방법을 감성공학 III류라고 한다.

---

8 오금의 높이에 따른 의자의 높이를 조절식 설계로 구하시오($Z_{0.95}$ = 1.65, 신발의 두께 2.5 cm, 여유 1 cm).

분류	남	여
평균	392 mm	363 mm
표준편차	20.6	19.5

(1) 남자의 범위

　가. 식:

　나. 답:

(2) 여자의 범위

　가. 식:

나. 답:

인체측정 자료의 응용원칙

5%ile = 평균-(표준편차×%ile계수)
95%ile = 평균+(표준편차×%ile계수)

(1) 남자의 범위
　　가. 식: 5%ile = 392-(1.65×20.6)+35 = 393.01 mm
　　　　　95%ile = 392+(1.65×20.6)+35 = 460.99 mm
　　　　　단, 35 mm = 신발의 두께 25 mm + 여유 10 mm
　　나. 답: 393.01 mm~460.99 mm

(2) 여자의 범위
　　가. 식: 5%ile = 363-(1.65×19.5)+35 = 365.83 mm
　　　　　95%ile = 363+(1.65×19.5)+35 = 430.18 mm
　　　　　단, 35 mm = 신발의 두께 25 mm + 여유 10 mm
　　나. 답: 365.83 mm~430.18 mm

9 다음의 표는 요인분석을 통하여 최종적으로 얻어진 요인부하행렬이다. 분석결과를 활용하여 감성어휘를 3개의 감성요인으로 그룹핑하시오.

감성어휘	Factor1	Factor2	Factor3
우아한 - 촌스러운	0.516	0.029	-0.675
널찍한 - 좁은	-0.865	-0.273	-0.123
편안한 - 불편한	-0.890	-0.111	-0.283
참신한 - 진부한	0.119	0.769	0.449
강한 - 약한	0.367	0.028	0.899

감성공학

요인값이 ±0.5 이상일 때, 실제적 유의성을 가진다.
예) 우아한, 널찍한, 편안한, 참신한, 강한: -
　　촌스러운, 좁은, 불편한, 진부한, 약한: +

감성어휘	Factor1	Factor2	Factor3	1요인	2요인	3요인
우아한 - 촌스러운	0.516	0.029	−0.675			우아한
널찍한 - 좁은	−0.865	−0.273	−0.123	널찍한		
편안한 - 불편한	−0.890	−0.111	−0.283	편안한		
참신한 - 진부한	0.119	0.769	0.449		진부한	
강한 - 약한	0.367	0.028	0.899			약한

NO.	감성어휘	그룹명
1요인	(널찍한, 편안한)	편안한
2요인	(진부한)	진부한
3요인	(우아한, 약한)	약한

10 근골격계질환을 예방할 수 있는 인간공학적 측면에서의 공구설계 원칙 4가지를 쓰시오.

(풀이) **수공구 설계 원칙**

인간공학적 측면에서의 수공구 설계 원칙은 다음과 같다.
(1) 수동공구 대신에 전동공구를 사용한다.
(2) 가능한 손잡이의 접촉면을 넓게 한다.
(3) 제일 강한 힘을 낼 수 있는 중지와 엄지를 사용한다.
(4) 손잡이의 길이가 최소한 10 cm는 되도록 설계한다.
(5) 손잡이가 두 개 달린 공구들은 손잡이 사이의 거리를 알맞게 설계한다.
(6) 손잡이의 표면은 충격을 흡수할 수 있고, 비전도성으로 설계한다.
(7) 공구의 무게는 2.3 kg 이하로 설계한다.
(8) 장갑을 알맞게 사용한다.

11 사용설명서를 만들 시 고려해야 할 사항에 대하여 3가지를 쓰시오.

(풀이) **제조물책임 사고의 예방 대책**

사용설명서를 만들 시 고려해야 할 사항은 다음과 같다.
(1) 안전에 관한 주의사항
(2) 제품사진
(3) 성능 및 기능
(4) 사용방법
(5) 포장의 개봉

(6) 제품의 설치, 조작, 보수, 점검, 폐기, 기타 주의사항

(7) 제품명칭

(8) 형식, 회사명, 주소, 전화번호

12 사용자 인터페이스 설계 시 조화성 설계원칙 3가지를 쓰시오.

(풀이) **사용자 인터페이스 조화성 설계원칙**

인간과 기계(제품)가 접촉하는 계면에서의 조화성은 신체적 조화성, 지적 조화성, 감성적 조화성의 3가지 차원에서 고찰할 수 있는데, 신체적·지적 조화성은 제품의 인상(감성적 조화성)으로 추상화 된다.

13 근골격계 부담작업에 대하여 다음 빈칸을 채우시오.

(1) 하루에 10회 이상 (　　　) kg 이상의 물체를 드는 작업이다.

(2) 하루에 25회 이상 (　　　) kg 이상의 물체를 무릎 아래에서 들거나, 어깨 위에서 들거나 팔을 뻗은 상태에서 드는 작업이다.

(3) 하루에 총 2시간 이상, 분당 2회 이상 (　　　) kg 이상의 물체를 드는 작업이다.

(풀이) **근골격계 부담작업**

(1) 하루에 10회 이상 (25) kg 이상의 물체를 드는 작업이다.

(2) 하루에 25회 이상 (10) kg 이상의 물체를 무릎 아래에서 들거나, 어깨 위에서 들거나 팔을 뻗은 상태에서 드는 작업이다.

(3) 하루에 총 2시간 이상, 분당 2회 이상 (4.5) kg 이상의 물체를 드는 작업이다.

14 NLE의 RWL계산을 위한 상수에서, 상수값이 0이 되도록 하는 조건을 쓰시오.

(1) 수평계수: (　　) cm 초과

(2) 수직계수: (　　) cm 초과

(3) 비대칭계수: (　　)° 초과

풀이 NLE의 상수

(1) 수평계수: (63) cm 초과

(2) 수직계수: (175) cm 초과

(3) 비대칭계수: (135)° 초과

15 여성 근로자의 8시간 조립작업에서 대사량을 측정한 결과 산소소비량이 1.2 L/min으로 측정되었다. 여성 근로자의 휴식시간을 구하시오.

풀이 휴식시간의 산정

(1) 휴식시간: $R = T\dfrac{(E-S)}{(E-1.5)}$

여기서, T: 총 작업시간(분)

E: 해당 작업의 에너지소비량(kcal/min)

S: 권장 에너지소비량 (kcal/min)

(권장 에너지소비량의 경우, 남성은 5 kcal/min, 여성은 3.5 kcal/min으로 계산)

(2) 해당 작업의 에너지소비량 = 분당 산소소비량×산소 1 L당 에너지소비량

= 1.2 L/min×5 kcal/min = 6 kcal/min

(3) 휴식시간 = $480 \times \dfrac{(6-3.5)}{(6-1.5)}$ = 266.67분

16 테니스 엘보라고도 하며, 팔꿈치의 바깥쪽 돌출된 부위에 통증과 함께 발생된 염증을 말한다. 손목을 뒤로 젖힐 때 팔꿈치의 바깥쪽에 통증이 발생하며, 손목이나 팔을 반복적으로 사용하거나 팔꿈치에 직접적인 손상을 입었던 환자에게서 주로 발생하는 것은 무엇인지 쓰시오.

풀이 신체 부위별 직업성 근골격계질환

외상과염: 팔꿈치 바깥쪽 부위의 인대에 염증이 생김으로써 발생하는 증상

17 근골격계질환의 원인에 대하여 3가지를 쓰시오.

풀이 근골격계질환의 원인

근골격계질환의 원인은 다음과 같다.

(1) 반복성

(2) 부자연스런/취하기 어려운 자세

(3) 과도한 힘

(4) 접촉스트레스

(5) 진동

(6) 온도, 조명 등 기타 요인

18 표시장치와 조종장치를 양립하여 설계하였을 때의 장점 4가지를 쓰시오.

(풀이) **조종간의 운동관계**

표시장치와 조종장치를 양립하여 설계하였을 때의 장점은 다음과 같다.

(1) 조작오류가 적다.

(2) 만족도가 높다.

(3) 학습이 빠르다.

(4) 위급 시 빠른 대처가 가능하다.

(5) 작업실행속도가 빠르다.

인간공학기사 실기시험 문제풀이 10회[191]

1 중량물의 무게가 12 kg이고, RWL이 15 kg일 때, LI 지수를 구하고, 조치사항을 쓰시오.

> (풀이) **RWL과 LI**
>
> LI(들기 지수, Lifting Index)
>
> LI = 작업물 무게/ RWL = 12 kg/15 kg = 0.8
>
> 조치사항: 해당 작업의 LI가 1보다 작으므로 작업을 설계/재설계할 필요가 없다.

2 손-팔 진동을 줄이는 방법 4가지를 쓰시오.

> (풀이) **진동의 대책**
>
> 진동에 따른 대책은 다음과 같다.
> (1) 진동이 적은 수공구 사용
> (2) 방진공구, 방진장갑 사용
> (3) 연장을 잡는 악력을 감소시킴
> (4) 진동공구를 사용하지 않는 다른 방법으로 대체함
> (5) 추운 곳에서의 진동공구 사용을 자제하고 수공구 사용 시 손을 따뜻하게 유지시킴

3 청력보존 프로그램의 중요 요소 5가지를 쓰시오.

청력보존 프로그램

청력보존 프로그램의 구성요소는 다음과 같다.

(1) 소음 측정
(2) 공학적 관리
(3) 청력 보호구 착용
(4) 청력 검사(의학적 판단)
(5) 보건 교육 및 훈련

4 표준시간을 산출하는 방법 5가지를 쓰시오.

작업측정의 기법

표준시간을 산출하는 방법은 다음과 같다.
(1) 실적자료법: 과거의 경험이나 자료를 사용하는 방법으로 작업에 관한 실제 자료를 이용하여 작업 단위당 기준 시간을 산정한 후 이 값을 표준으로 삼는 방법이다.
(2) 시간연구법(Time study method): 측정대상 작업의 시간적 경과를 스톱워치/전자식 타이머 또는 VTR 카메라의 기록 장치를 이용하여 직접 관측하여 표준시간을 산출하는 방법이다.
(3) 표준자료법(Standard data system): 작업시간을 새로이 측정하기보다는 과거에 측정한 기록들을 기준으로 동작에 영향을 미치는 요인들을 검토하여 만든 함수식, 표, 그래프 등으로 동작시간을 예측하는 방법이다.
(4) 워크샘플링법(Work sampling): 간헐적으로 랜덤한 시점에서 연구대상을 순간적으로 관측하여 대상이 처한 상황을 파악하고, 이를 토대로 관측기간 동안에 나타난 항목별로 차지하는 비율을 추정하는 방법이다.
(5) PTS법(Predetermine time standard system): 사람이 행하는 작업을 기본동작으로 분류하고, 각 기본동작들은 동작의 성질과 조건에 따라 이미 정해진 기준 시간치를 적용하여 전체 작업의 정미시간을 구하는 방법이다.

5 인간의 정보처리 과정에서 주의의 특성 4가지를 쓰시오.

주의의 특성

주의의 특성은 다음과 같다.
(1) 선택성
　가. 주의력의 중복집중의 곤란(주의는 동시에 두 개 이상의 방향을 잡지 못한다.)
　나. 사람은 한 번에 여러 종류의 자극을 지각하거나 수용하지 못하며, 소수의 특정한 것으로 한정해서 선택하는 기능을 말한다.

(2) 변동성
　가. 주의력의 단속성(고도의 주의는 장시간 지속할 수 없다.)
　나. 주의는 리듬이 있어 언제나 일정한 수준을 지키지는 못한다.

(3) 방향성

　　가. 한 지점에 주의를 하면 다른 곳의 주의는 약해진다.

　　나. 주의를 집중한다는 것은 좋은 태도라고 볼 수 있으나 반드시 최상이라고 할 수는 없다.

　　다. 공간적으로 보면 시선의 초점에 맞았을 때는 쉽게 인지되지만 시선에서 벗어난 부분은 무시되기 쉽다.

(4) 일점집중성

　　가. 사람은 돌발사태에 직면하면 공포를 느끼게 되고 주의가 일점(주시점)에 집중되어 판단정지 및 멍청한 상태에 빠지게 되어 유효한 대응을 못하게 된다.

6 근골격계질환(MSDs)의 요인 중 작업특성 요인을 5가지 쓰시오.

풀이 **근골격계질환의 요인 중 작업특성 요인**

근골격계질환의 요인 중 작업특성 요인은 다음과 같다.

(1) 반복성

(2) 부자연스런/취하기 어려운 자세

(3) 과도한 힘

(4) 접촉스트레스

(5) 진동

(6) 온도, 조명 등 기타 요인

7 소음성 난청의 초기 단계를 보이는 현상인 C5-dip 현상에 대해 설명하시오.

풀이 **소음의 영향**

일시장해에서 회복 불가능한 상태로 넘어가는 상태로 3,000~6,000 Hz범위에서 영향을 받으며 4,000 Hz에서 청력손실이 현저히 커진다. 이러한 소음성 난청의 초기 단계를 보이는 현상을 C5-dip 현상이라고 한다.

8 작업자가 한 손을 사용하여 무게(W_L)가 100 N인 작업물을 들고 있다. 물체의 쥔 손에서 팔꿈치까지의 거리는 30 cm이고, 손과 아래팔의 무게(W_L)는 10 N이며, 손과 아래팔의 무게중심은 팔꿈치로부터 15 cm에 위치해 있다. 팔꿈치에 작용하는 모멘트는 얼마인지 구하시오.

풀이 **모멘트**

$\sum M = 0$ (모멘트 평형방정식)

$(F_1(=W_L) \times d_1) + (F_2(=W_A) \times d_2) + M_E(=$ 팔꿈치 모멘트$) = 0$

$(-100N \times 0.30\,\text{m}) + (-10\text{N} \times 0.15\,\text{m}) + M_E = 0$

따라서, $M_E = 31.5$ Nm

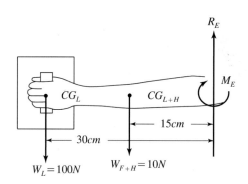

9 안전관리의 재해예방의 5단계를 쓰시오.

(풀이) **재해예방의 5단계**

재해예방의 5단계는 다음과 같다.
(1) 제 1단계(조직): 경영자는 안전 목표를 설정하여 안전관리를 함에 있어 맨 먼저 안전 관리 조직을 구성하여 안전활동 방침 및 계획을 수립하고 전문적 기술을 가진 조직을 통한 안전활동을 전개함으로써 근로자의 참여 하에 집단의 목표를 달성하도록 하여야 한다.
(2) 제 2단계(사실의 발견): 조직편성을 완료하면 각종 안전사고 및 안전활동에 대한 기록을 검토하고 작업을 분석하여 불안전요소를 발견한다. 불안전요소를 발견하는 방법은 안전점검, 사고조사, 관찰 및 보고서의 연구, 안전토의, 또는 안전회의 등이 있다.
(3) 제 3단계(평가분석): 발견된 사실, 즉 안전사고의 원인분석은 불안전요소를 토대로 사고를 발생시킨 직접적 및 간접적 원인을 찾아내는 것이다. 분석은 현장조사 결과의 분석, 사고보고, 사고기록, 환경조건의 분석 및 작업공장의 분석, 교육과 훈련의 분석 등을 통해야 한다.
(4) 제 4단계(시정책의 선정): 분석을 통하여 색출된 원인을 토대로 효과적인 개선방법을 선정해야 한다. 개선방안에는 기술적 개선, 인사조정, 교육 및 훈련의 개선, 안전행정의 개선, 규정 및 수칙의 개선과 이행 독려의 체제강화 등이 있다.
(5) 제 5단계(시정책의 적용): 시정방법이 선정된 것만으로 문제가 해결되는 것이 아니고 반드시 적용되어야 하며, 목표를 설정하여 실시하고 실시결과를 재평가하여 불합리한 점은 재조정되어 실시되어야 한다. 시정책은 교육, 기술, 규제의 3E 대책을 실시함으로써 이루어진다.

10 시각적 표시장치가 청각적 표시장치에 비해 유리한 경우 5가지를 쓰시오.

(풀이) **시각적 표시장치가 유리한 경우**

시각적 표시장치가 유리한 경우는 다음과 같다.
(1) 전달정보가 복잡하고 길 때

(2) 전달정보가 후에 재 참조될 경우

(3) 전달정보가 공간적인 위치를 다룰 때

(4) 전달정보가 즉각적인 행동을 요구하지 않을 때

(5) 수신자의 청각 계통이 과부하 상태일 때

(6) 수신 장소가 시끄러울 때

(7) 직무상 수신자가 한곳에 머무르는 경우

11 현재 표시장치의 C/R비가 5일 때, 좀 더 둔감해지더라도 정확한 조종을 하고자 한다. 다음의 두 가지 대안을 보고 문제를 푸시오.

대안	손잡이 길이	각도	표시장치 이동거리
A	12 cm	30°	1 cm
B	10 cm	20°	0.8 cm

(1) A와 B의 C/R비를 구하시오.

(2) 좀 더 둔감해지더라도 정확한 조종을 하기 위한 A와 B 중 더 나은 대안을 결정하고, 그 이유를 설명하시오.

풀이 **조종-반응비율(Control-Response Ratio)**

(1) C/R비 $= \dfrac{(a/360) \times 2\pi L}{\text{표시장치이동거리}}$

　가. A의 C/R비 $= \dfrac{(30/360) \times 2 \times 3.14 \times 12}{1} = 6.28$

　나. B의 C/R비 $= \dfrac{(20 \times 360) \times 2 \times 3.14 \times 10}{0.8} = 4.36$

(2) 대안 및 이유

　가. 정확한 조종에 적합한 대안: A대안

　나. 이유: A와 B의 C/R비를 비교하였을 때, 현재 표시장치의 C/R비 5보다 A의 C/R비 6.28로 더 크므로 민감도가 낮아 정확한 조종을 하기에 적합하다.

12 평균 눈높이가 160 cm이고, 표준편차가 5일 때, 눈높이의 5%ile을 구하시오(단, 정규분포를 따르며, $Z_{0.90}$ = 1.28, $Z_{0.95}$ = 1.65, $Z_{0.99}$ = 2.32).

> (풀이) **인체측정 자료의 응용**
>
> %ile 인체치수 = 평균±(표준편차×%ile 계수)
> 눈높이의 5%ile = 160−(5×1.65) = 151.75 cm

13 정상작업영역, 최대작업영역, 파악한계를 설명하시오.

> (풀이) **작업공간**
>
> (1) 정상작업영역: 상완을 자연스럽게 수직으로 늘어뜨린 채, 전완만으로 편하게 뻗어 파악할 수 있는 구역 (34~45 cm)이다.
> (2) 최대작업영역: 전완과 상완을 곧게 펴서 파악할 수 있는 구역(55~65 cm)이다.
> (3) 파악한계: 앉은 작업자가 특정한 수작업기능을 편히 수행할 수 있는 공간의 외곽 한계이다.

14 생체신호를 이용한 스트레인의 주요 척도 4가지를 쓰시오.

> (풀이) **피로의 생리학적 측정방법**
>
> 스트레인(긴장)의 주요 척도는 다음과 같다.
> (1) 뇌전도(EEG)
> (2) 심전도(ECG)
> (3) 근전도(EMG)
> (4) 안전도(EOG)
> (5) 전기피부반응(GSR)

15 인간의 독립행동에서 휴먼에러 5가지를 쓰시오.

> (풀이) **휴먼에러의 심리적 분류**
>
> 인간의 독립행동에서의 휴먼에러는 다음과 같다.
> (1) 부작위 에러(omission error): 필요한 작업 또는 절차를 수행하지 않는 데 기인한 에러
> (2) 작위 에러(commission error): 필요한 작업 또는 절차의 불확실한 수행으로 인한 에러
> (3) 시간 에러(time error): 필요한 작업 또는 절차의 수행 지연으로 인한 에러

(4) 순서 에러(sequence error): 필요한 작업 또는 절차의 순서 착오로 인한 에러
(5) 불필요한 행동 에러(extraneous error): 불필요한 작업 또는 절차를 수행함으로써 기인한 에러

16 창문으로부터 들어오는 직사휘광을 줄이는 방법 3가지를 쓰시오.

풀이 **창문으로부터의 직사휘광 처리**

직사휘광을 줄이는 방법은 다음과 같다.
(1) 창문을 높이 단다.
(2) 창의 바깥쪽에 돌출부(overhang)를 설치한다.
(3) 창문 안쪽에 수직날개(fin)를 달아 직사광선을 제한한다.
(4) 차양(shade) 혹은 발(blind)을 사용한다.

17 산업안전보건법상 수시 유해요인조사를 실시하여야 하는 경우 3가지와 근골격계질환 예방을 위한 관리적 개선방안 4가지를 쓰시오.

풀이 **유해요인조사**

(1) 수시 유해요인조사를 실시하여야 하는 경우
　　가. 특정작업에 종사하는 근로자가 임시건강진단 등에서 근골격계질환자로 진단을 받거나 근골격계질환으로 업무상 질병을 인정받은 경우에 실시하여야 한다.
　　나. 부담작업에 해당하는 새로운 작업·설비를 특정작업(공정)에 도입한 경우 유해요인조사를 실시하여야 한다. 단, 종사근로자의 업무량 변화 없이 단순히 기존작업과 동일한 작업의 수가 증가하였거나 동일한 설비가 추가 설치된 경우에는 동일 부담작업의 단순증가에 해당되므로 수시 유해요인조사를 실시하지 아니할 수 있다.
　　다. 부담작업에 해당하는 업무의 양과 작업공정 등 특정작업(공정)의 작업환경이 변경된 경우에도 실시하여야 한다.

(2) 근골격계질환 예방을 위한 관리적 개선방안
　　가. 작업의 다양성 제공(작업 확대)
　　나. 작업자 교대
　　다. 작업자에 대한 휴식시간(회복시간) 제공
　　라. 작업습관 변화
　　마. 작업공간, 공구 및 장비의 정기적인 청소 및 유지보수
　　바. 근골격계질환 예방체조의 도입(운동체조 강화)
　　사. 근골격계질환 관련 교육 실시
　　아. 작업일정 및 작업속도 조절

18 웨버의 비가 1/60 이면, 길이가 20 cm인 경우 직선상에 어느 정도의 길이에서 감지할 수 있는지 구하시오.

풀이 **웨버의 법칙(Weber's law)**

웨버의 비 = $\dfrac{\text{변화감지역}}{\text{기준자극의 크기}}$

$\dfrac{1}{60} = \dfrac{x}{20}$

따라서, $x = 0.33$ cm

인간공학기사 실기시험 문제풀이 11회[183]

1 단순반응 시간 0.2초, 1 bit 증가당 0.5초의 기울기, 자극 수가 8개일 때 반응시간을 구하시오.

(풀이) **반응시간**

Hick's law에 의해

$$\text{반응시간(RT: Reaction Time)} = a + b\log_2 N$$
$$= 0.2 + (0.5 \times \log_2 8)$$
$$= 1.7초$$

2 청각적 표시장치가 시각적 표시장치에 비해 유리한 경우 4가지를 쓰시오.

(풀이) **청각적 표시장치가 유리한 경우**

청각적 표시장치가 유리한 경우는 다음과 같다.
(1) 전달정보가 간단하고 짧을 때
(2) 전달정보가 후에 재 참조되지 않을 때
(3) 전달정보가 시간적인 사상을 다룰 때
(4) 전달정보가 즉각적인 행동을 요구할 때
(5) 수신자의 시각 계통이 과부하 상태일 때
(6) 수신 장소가 너무 밝거나 암조응 유지가 필요할 때
(7) 직무상 수신자가 자주 움직이는 경우

3 조종장치의 손잡이 길이가 5 cm이고, 60°를 움직였을 때 표시장치에서 3 cm가 이동하였다. 이때, C/R비를 구하시오.

> (풀이) **조종-반응비율(Control-Response Ratio)**
>
> $$C/R비 = \frac{(a/360) \times 2\pi L}{표시장치\ 이동거리}$$
>
> 여기서, a: 조종장치가 움직인 각도
> L: 반지름(조종장치의 길이)
>
> $$C/R비 = \frac{(60/360) \times (2 \times 3.14 \times 5)}{3} = 1.74$$

4 집단의 평균 신장이 170.2 cm, 표준편차가 5.2일때 신장의 95%ile, 50%ile, 5%ile을 구하시오(단, 정규분포를 따르며, $Z_{0.95} = 1.645$ 이다).

> (풀이) **인체측정 자료의 응용원칙**
>
> (1) 95%ile 값 = 평균+(표준편차×%ile계수)
>   = 170.2+(5.2×1.645)
>   = 178.75 cm
>
> (2) 50%ile 값 = 평균+(표준편차×%ile계수)
>   = 170.2+(5.2×0)
>   = 170.2 cm
>
> (3) 5%ile 값 = 평균−(표준편차×%ile계수)
>   = 170.2−(5.2×1.645)
>   = 161.65 cm

5 원자재로부터 완제품이 나올 때까지 공정에서 이루어지는 작업과 검사의 모든 과정을 순서대로 표현한 도표를 쓰시오.

> (풀이) **작업공정도**
>
> 작업공정도: 자재가 공정에 유입되는 시점과 공정에서 행해지는 검사와 작업순서를 도식적으로 표현한 도표로 작업에 소요되는 시간이나 위치 등의 정보를 기입한다.

6 흰 글자에 인접한 검정영역으로 퍼지는 것처럼 보이는 현상을 무엇이라 하는지 쓰시오.

> **풀이** **광삼효과**
>
> 광삼효과: 흰 모양이 주위의 검은 배경으로 번져 보이는 현상

7 사업장 근골격계질환 예방·관리 프로그램의 실행을 위한 보건관리자의 역할 3가지를 쓰시오.

> **풀이** **보건관리자의 역할**
>
> 근골격계질환 예방·관리 프로그램의 실행을 위한 보건관리자의 역할은 다음과 같다.
> (1) 주기적으로 작업장을 순회하여 근골격계질환을 유발하는 작업공정 및 작업유해 요인을 파악한다.
> (2) 주기적인 작업자 면담 등을 통하여 근골격계질환 증상호소자를 조기에 발견하는 일을 한다.
> (3) 7일 이상 지속되는 증상을 가진 작업자가 있을 경우 지속적인 관찰, 전문의 진단의뢰 등의 필요한 조치를 한다.
> (4) 근골격계질환자를 주기적으로 면담하여 가능한 한 조기에 작업장에 복귀할 수 있도록 도움을 준다.
> (5) 예방·관리프로그램 운영을 위한 정책결정에 참여한다.

8 인체동작의 유형 중 굴곡(flexion), 외전(abduction), 회내(pronation)에 대하여 설명하시오.

> **풀이** **인체동작의 유형**
>
> (1) 굴곡(flexion): 팔꿈치로 팔굽히기 할 때처럼 관절에서의 각도가 감소하는 인체부분의 동작
> (2) 외전(abduction): 팔을 옆으로 들 때처럼 인체 중심선(midline)에서 멀어지는 측면에서의 인체부위의 동작
> (3) 회내(pronation): 손과 전완의 회전의 경우에는 손바닥이 아래로 향하도록 하는 인체부분의 동작

9 문제를 보고 괄호 안에 알맞은 단어를 ○표 하시오.

> 정신적 부하가 증가하면 부정맥 지수가 (증가 , 감소)하며, 정신적 부하가 감소하면 점멸융합주파수가 (증가 , 감소)한다.

> **풀이** **정신작업 부하평가**
>
> 정신적 부하가 증가하면 부정맥 지수가 (감소)하며, 정신적 부하가 감소하면 점멸융합주파수가 (증가)한다.

10 15 kg의 중량물을 선반 1 위치(27, 60)에서 선반 2 위치(50, 145)로 하루 총 46분 동안 분당 3번씩 들기작업을 하는 작업자에 대하여 NIOSH 들기 지침에 의하여 분석한 결과를 다음의 단순 들기작업 분석표와 같이 나타내었으며 빈도계수 0.88, 비대칭각도 0, 박스의 손잡이는 커플링 'fair'로 간주할 때 다음의 각 물음에 답하시오.

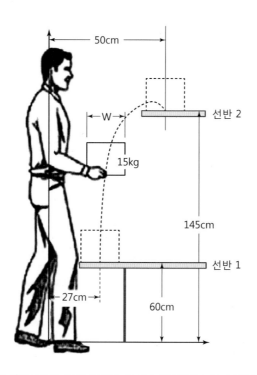

보기

HM = 수평계수 = 25/H

VM = 수직계수 = $1 - (0.003 \times |V - 75|)$

DM = 거리계수 = $0.82 + (4.5/D)$

AM = 비대칭계수 = $1 - (0.0032 \times A)$

CM = 결합계수 (표 이용)

결합타입	수직위치	
	V < 75 cm	V ≥ 75 cm
양호(good)	1.00	1.00
보통(fair)	0.95	1.00
불량(poor)	0.90	0.90

(1) RWL:

(2) LI 지수:

(풀이) **RWL과 LI**

(1) RWL: LC×HM×VM×DM×AM×FM×CM

　LC = 23

　$HM = \dfrac{25}{H} = \dfrac{25}{27} = 0.93$

　$VM = 1-(0.003 \times |V-75|) = 1-(0.003 \times 15) = 0.96$

　$DM = 0.82+\left(\dfrac{4.5}{D}\right) = 0.82+\left(\dfrac{4.5}{85}\right) = 0.87$

　$AM = 1-(0.032 \times A) = 1-(0.032 \times 0) = 1$

　FM = 0.88

　CM = 0.95

　따라서, RWL $= 23 \times 0.93 \times 0.96 \times 0.87 \times 1 \times 0.88 \times 0.95 = 14.94$

(2) LI 지수 $= \dfrac{중량물\ 무게}{RWL} = \dfrac{15}{14.94} = 1.00$

---

11 유해요인을 평가하는 방법인 RULA의 B그룹의 평가항목 3가지를 쓰시오.

(풀이) **RULA**

RULA의 B그룹의 평가항목은 목, 몸통, 다리이다.

---

12 한 장소에서 앉아서 수행하는 작업활동에서 사람이 작업하는 데 사용하는 공간을 무엇이라 하는지 쓰시오.

(풀이) **작업공간포락면**

작업공간포락면(workspace envelope): 한 장소에서 앉아서 수행하는 작업활동에서 사람이 작업하는 데 사용하는 공간을 말한다. 포락면을 설계할 때에는 수행해야 하는 특정 활동과 공간을 사용할 사람의 유형을 고려하여 상황에 맞추어 설계해야 한다.

---

13 생체기능을 유지하기 위해 필요한 일정량의 에너지양을 무엇이라 하는지 쓰시오.

기초대사량

기초대사량(Basal Metabolic Rate; BMR): 생명을 유지하기 위한 최소한의 에너지소비량

14 수평작업 설계 시 고려할 정상작업영역과 최대작업영역을 설명하시오.

작업공간

(1) 정상작업영역: 상완(上腕)을 자연스럽게 수직으로 늘어뜨린 채, 전완(前腕)만으로 편하게 뻗어 파악할 수 있는 구역(34~45 cm)이다.

(2) 최대작업영역: 전완과 상완을 곧게 펴서 파악할 수 있는 구역(55~65 cm)이다.

15 조절식 의자설계에 필요한 인체측정치수들이 다음과 같이 주어져 있을 때 좌판 깊이와 좌판 높이의 설계치수를 구하시오(단, 정규분포를 따르며, $Z_{0.95}$ = 1.645이다).

성별	구분	오금 높이	무릎 뒤 길이	지면 팔꿈치 높이	엉덩이 너비
남자	평균	41.3 cm	45.9 cm	67.3 cm	33.5 cm
	표준편차	1.9 cm	2.4 cm	2.3 cm	1.9 cm
여자	평균	38 cm	44.4 cm	63.2 cm	33 cm
	표준편차	1.7 cm	2.1 cm	2.1 cm	1.9 cm

인체측정 자료의 응용원칙

(1) 좌판 깊이: 최소집단값에 의한 설계(5%ile 여자, 무릎 뒤 길이)
        5%ile 여자: 44.4−(2.1×1.645) = 40.95 cm

(2) 좌판 높이: 조절식 설계(5%ile 여자~95%ile 남자, 오금 높이)
        5%ile 여자: 38−(1.7×1.645) = 35.20 cm
        95%ile 남자: 41.3+(1.9×1.645) = 44.43 cm
    따라서, 35.20~44.43 cm 높이로 설계하여야 한다.

16 작업과 관련하여 특정 신체부위 및 근육의 과도한 사용으로 인해 근육, 연골, 건, 인대, 관절, 혈관, 신경 등에 미세한 손상이 발생하여 목, 허리, 무릎, 어깨, 팔, 손목 및 손가락 등에 나타나는 만성적인 건강장해를 무엇이라 하는지 쓰시오.

작업관련성 근골격계질환

작업관련성 근골격계질환(Work related Musculoskeletal Disorders): 작업과 관련하여 특정 신체 부위 및 근육의 과도한 사용으로 인해 근육, 연골, 건, 인대, 관절, 혈관, 신경 등에 미세한 손상이 발생하여 목, 허리, 무릎, 어깨, 팔, 손목 및 손가락 등에 나타나는 만성적인 건강장해를 말한다. 유사용어로는 누적외상성질환(Cumulative Trauma Disorders) 또는 반복성긴장상해(Repetitive Strain Injuries) 등이 있다.

17 작업자가 무릎을 지면에 대고 쪼그리고 앉아 용접하는 작업의 유해요소와 개선할 수 있는 적합한 예방대책을 쓰시오.

（풀이） **근골격계질환의 작업특성 요인**

유해요소	예방대책
부자연스런 자세	높낮이 조절이 가능한 작업대의 설치
무릎의 접촉스트레스	무릎보호대의 착용
손목, 어깨의 반복적 스트레스	자동화기기나 설비의 도입
장시간 유해물질 노출	환기, 적절한 휴식시간, 작업확대, 작업교대

18 수행도 평가기법인 Westinghouse 시스템에서 종합적 평가요소 4가지를 쓰시오.

（풀이） **웨스팅하우스(Westinghouse) 시스템**

Westinghouse 시스템에서의 종합적 평가요소는 다음과 같다.
(1) 숙련도(Skill): 경험, 적성 등의 숙련된 정도
(2) 노력도(Effort): 마음가짐
(3) 작업환경(Condition): 온도, 진동, 조도, 소음 등의 작업장 환경
(4) 일관성(Consistency): 작업시간의 일관성 정도

인간공학기사 실기시험 문제풀이 12회[181]

1 아래와 같은 경우의 설계에 적용할 수 있는 인체치수 설계원칙을 적으시오.

비상구의 높이	열차의 좌석 간 거리	그네의 중량하중

(풀이) **인체측정 자료의 응용원칙**

최대집단값에 의한 설계

(1) 통상 대상집단에 대한 관련 인체측정변수의 상위 백분위수를 기준으로 하여 90%, 95% 혹은 99% 값이 사용된다.

(2) 문, 탈출구, 통로 등과 같은 공간여유를 정하거나 줄사다리의 강도 등을 정할 때 사용한다.

(3) 예를 들어, 95% 값에 속하는 큰 사람을 수용할 수 있다면, 이보다 작은 사람은 모두 사용된다.

2 Tamper-proof에 대하여 설명하시오.

(풀이) **인간-기계 신뢰도 유지방안**

작업자들은 생산성과 작업용이성을 위하여 종종 안전장치를 제거한다. 따라서 작업자가 안전장치를 고의로 제거하는 것을 대비하는 예방설계를 Tamper-proof 라고 한다. 예를 들면, 화학설비의 안전장치를 제거하는 경우에 화학설비가 작동되지 않도록 설계하는 것이다.

3 근골격계질환 유해요인의 개선을 위한 관리적 방법 3가지를 적으시오.

> (풀이) **유해요인의 관리적 개선방법**
>
> 근골격계질환 예방을 위한 관리적 개선방안은 다음과 같다.
> (1) 작업의 다양성 제공(작업 확대)
> (2) 작업자 교대
> (3) 작업자에 대한 휴식시간(회복시간) 제공
> (4) 작업습관 변화
> (5) 작업공간, 공구 및 장비의 정기적인 청소 및 유지보수
> (6) 근골격계질환 예방체조의 도입(운동체조 강화)
> (7) 근골격계질환 관련 교육 실시
> (8) 작업일정 및 작업속도 조절

4 아래의 빈칸에 들어갈 알맞은 인체치수 설계원칙을 적으시오.

의자 좌판을 설계할 경우 좌판의 앞뒤 거리는 (　　　　　)를 이용한다.

> (풀이) **인체측정 자료의 응용원칙**
>
> 의자 좌판을 설계할 경우 좌판의 앞뒤 거리는 (　최소집단값에 의한 설계　)를 이용한다.
> 작은 사람이 앉아서 허리를 지지할 수 있으면, 이보다 큰 사람들은 허리를 지지할 수 있다.

5 비행기의 왼쪽과 오른쪽에 엔진이 있고 왼쪽 엔진의 신뢰도는 0.7이고, 오른쪽 엔진의 신뢰도는 0.8이며, 양쪽의 엔진이 고장나야 에러가 일어나 비행기가 추락하게 된다고 할 때, 이 비행기의 신뢰도를 구하시오.

> (풀이) **설비의 신뢰도**
>
> 비행기의 엔진시스템은 병렬시스템이므로
> $$R = 1 - \prod_{i=1}^{n}(1 - R_i) = 1 - (1 - 0.7) \times (1 - 0.8) = 0.94$$

6 71 cm 기준일 때, 정상조명에서의 눈금 식별 길이는 1.3 mm이고 낮은 조명에서의 눈금 식별 길이는 1.8 mm이다. 낮은 조명 시 5 m 거리의 눈금 식별 길이를 구하시오.

> (풀이) **눈금의 길이**
>
> 71 cm: 1.8 mm = 5 m: x
>
> $x = \dfrac{1.8 \times 5000}{710} = 12.68$ mm $= 1.27$ cm

7 수평면 작업영역에서 2가지 작업영역에 대해 설명하시오.

> (풀이) **작업공간**
>
> 수평면 작업영역의 종류는 다음과 같다.
> (1) 정상작업영역: 상완(上腕)을 자연스럽게 수직으로 늘어뜨린 채, 전완(前腕)만으로 편하게 뻗어 파악할 수 있는 구역(34~45 cm)이다.
> (2) 최대작업영역: 전완과 상완을 곧게 펴서 파악할 수 있는 구역(55~65 cm)이다.

8 4구의 가스불판과 점화(조종)버튼의 설계에 대한 다음의 질문에 답하시오.

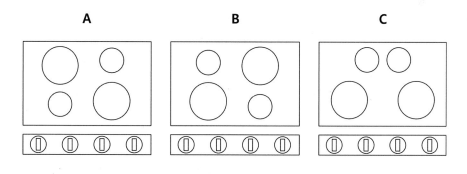

(1) 다음과 같은 가스불판과 점화(조종)버튼을 설계할 때의 인간공학적 설계원칙을 적으시오.

(2) 휴먼에러가 가장 적게 일어날 최적방안과 그 이유를 간단히 적으시오.

풀이 양립성

(1) 공간양립성
(2) 최적방안: C안
   이유: 표시장치와 이에 대응하는 조종장치 간의 실체적(physical) 유사성이나 이들의 배열 혹은 비슷한 표시 (조종)장치 군들의 배열 등이 공간적 양립성과 관계된다.

9 제조물책임(PL)법에서의 대표적인 3가지 결함을 쓰시오.

풀이 제조물책임법에서의 결함

제조물책임법에서의 결함의 종류는 다음과 같다.
(1) 제조상의 결함
(2) 설계상의 결함
(3) 표시(지시·경고)상의 결함

10 정신적 피로도를 측정하는 NASA-TLX(Task Load Index)의 6가지 척도를 적으시오.

풀이 NASA-TLX

NASA-TLX의 척도는 다음과 같다.
(1) 정신적 요구(Mental Demand)
(2) 육체적 요구(Physical Demand)
(3) 일시적 요구(Temporal Demand)
(4) 수행(Performance)
(5) 노력(Effort)
(6) 좌절(Frustration)

11 작업물 무게가 10.3 kg 일 때, LI 지수를 구하고 LI 지수에 대한 평가와 관리방안을 기술하시오(단, RWL=7.8 kg).

풀이 RWL과 LI

(1) LI = 작업물 무게/RWL = 10.3 kg/7.8 kg = 1.32
(2) 관리방안: 요통발생 가능성이 있으므로 들기 지수(LI 지수)가 1 이하가 되도록 작업을 설계/재설계할 필요가 있다.

12 5개의 공정에서 주기시간이 6분인 경우 평균효율을 구하시오.

  풀이 **라인밸런싱**

$$평균효율(균형효율, \%) = \frac{총 작업시간}{작업장 수 \times 주기시간} \times 100$$

$$= \frac{5+4+3+4+6}{5 \times 6} \times 100 = 73.33\%$$

• 작업주기시간: 작업공정 중 가장 긴 작업시간

13 인간-기계 시스템의 설계 6단계를 기술하시오.

  풀이 **인간-기계 시스템의 설계**

인간-기계 시스템의 설계 6단계는 다음과 같다.
(1) 제 1단계: 목표 및 성능명세 결정
(2) 제 2단계: 시스템의 정의
(3) 제 3단계: 기본설계
(4) 제 4단계: 인터페이스 설계
(5) 제 5단계: 촉진물 설계
(6) 제 6단계: 시험 및 평가

14 근골격계질환 예방·관리 프로그램의 의학적 관리차원에서 증상호소자의 관리방법 3가지를 기술하시오.

  풀이 **근골격계질환 예방·관리 프로그램 중 증상호소자 관리**

(1) 질환 증상과 징후호소자의 조기발견 체계 구축
(2) 근골격계질환 증상·징후보고자에 대해 신속한 조치 및 필요시 의학적 진단과 치료
(3) 증상호소자 관리를 보건의료전문가에게 위임
(4) 업무제한과 보호조치

15 VDT 작업의 설계와 관련하여 다음 빈칸을 채우시오.

    (1) 눈과 모니터와의 거리는 최소 (   )cm 이상이 확보되도록 한다.

    (2) 팔꿈치의 내각은 (   )° 이상 되어야 한다.

    (3) 무릎의 내각은 (   )° 전후가 되도록 한다.

> **풀이** **VDT 작업의 작업자세**
>
> (1) 눈과 모니터와의 거리는 최소 (40)cm 이상이 확보되도록 한다.
> (2) 팔꿈치의 내각은 (90)° 이상이 되어야 한다. 조건에 따라 70°∼135°까지 허용 가능해야 한다.
> (3) 무릎의 내각은 (90)° 전후가 되도록 한다.

16 11개 공정의 소요시간이 다음과 같을 때 물음에 답하시오.

1공정	2공정	3공정	4공정	5공정	6공정	7공정	8공정	9공정	10공정	11공정
2분	1.5분	3분	2분	1분	1분	1.5분	1.5분	1.5분	2분	1분

    (1) 주기시간을 구하시오.

    (2) 시간당 생산량을 구하시오.

    (3) 공정효율을 구하시오.

> **풀이** **라인밸런싱**
>
> (1) 가장 긴 공정이 3분이므로 주기시간은 3분
> (2) 1개에 3분 걸리므로 60분/3분 = 20개
> (3) 공정효율(%) $= \dfrac{\text{총 작업시간}}{\text{작업장 수} \times \text{주기시간}} \times 100$
>
> $= \dfrac{2+1.5+3+2+1+1+1.5+1.5+1.5+2+1}{11 \times 3} \times 100$
>
> $= 55\%$

17 ECRS 작업개선 방법에 대해 설명하시오.

풀이 **작업개선의 원칙**

(1) 제거(Eliminate): 불필요한 작업, 작업요소의 제거
(2) 결합(Combine): 다른 작업, 작업요소와의 결합
(3) 재배열(Rearrange): 작업순서의 변경
(4) 단순화(Simplify): 작업, 작업요소의 단순화, 간소화

18 아래의 인체측정방법을 설명하시오.

(1) 구조적 인체치수

(2) 기능적 인체치수

풀이 **인체측정**

(1) 구조적 인체치수

　가. 형태학적 측정이라고도 하며, 표준자세에서 움직이지 않는 피측정자를 인체측정기로 구조적 인체치수를 측정하여 특수 또는 일반적 용품의 설계에 기초자료로 활용한다.

　나. 사용 인체측정기: 마틴식 인체측정기(martintype anthropometer)

　다. 측정항목에 따라 표준화된 측정점과 측정방법을 적용한다.

　라. 측정원칙: 나체측정을 원칙으로 한다.

(2) 기능적 인체치수

　가. 동적 인체측정은 일반적으로 상지나 하지의 운동, 체위의 움직임에 따른 상태에서 측정하는 것이다.

　나. 동적 인체측정은 실제의 작업 혹은 실제 조건에 밀접한 관계를 갖는 현실성 있는 인체치수를 구하는 것이다.

　다. 동적측정은 마틴식 계측기로는 측정이 불가능하며, 사진 및 시네마 필름을 사용한 3차원(공간) 해석장치나 새로운 계측 시스템이 요구된다.

　라. 동적측정을 사용하는 것이 중요한 이유는 신체적 기능을 수행할 때, 각 신체부위는 독립적으로 움직이는 것이 아니라 조화를 이루어 움직이기 때문이다.

인간공학기사 실기시험 문제풀이 13회[173]

1 직선 표시장치와 회전 조종장치가 동일 평면상에 있을 때 운동양립성을 높이기 위해 적용할 수 있는 원리와 그에 대한 설명을 쓰시오.

> **풀이) 워릭의 원리(Warrick's principle)**
>
> (1) 원리: 워릭의 원리(Warrick's principle)
> (2) 설명: 표시장치의 지침(pointer)의 설계에 있어서 양립성을 높이기 위한 원리로서, 제어기구가 표시장치 옆에 설치될 때는 표시장치상의 지침의 운동방향과 제어기구의 제어방향이 동일하도록 설계하는 것이 바람직하다.

2 점멸융합주파수(CFF)에 대해 설명하시오.

> **풀이) 점멸융합주파수**
>
> 빛을 일정한 속도로 점멸시키면 깜박거려 보이나 점멸의 속도를 빨리 하면 깜빡임이 없고 융합되어 연속된 광으로 보일 때 점멸주파수이다. 점멸융합주파수는 피곤함에 따라 빈도가 감소하기 때문에 중추신경계의 피로, 즉 '정신피로'의 척도로 사용될 수 있다. 잘 때나 멍하게 있을 때에 CFF가 낮고, 마음이 긴장되었을 때나 머리가 맑을 때에 높아진다.

3 유해요인조사 시 전체 작업을 대상으로 조사를 하여야 하지만 동일한 작업인 경우 표본조사만 시행을 하여도 된다. 이때 동일한 작업이란 무엇을 의미하는지 쓰시오.

> **풀이) 동일 작업**
>
> "동일 작업"이라 함은 "동일한 작업설비를 사용하거나 작업을 수행하는 동작이나 자세 등 작업방법이 같다고 객관적으로 인정되는 작업"을 말한다.

4 국내에서 총 8시간 동안 작업을 하면서 85 dB에서 2시간, 90 dB에서 3시간, 95 dB에서 3시간의 소음에 노출되었을 때 소음노출지수와 TWA값을 구하시오.

(풀이) **소음노출지수**

국내의 산업안전보건법에 따라,

(1) 소음노출지수 $= \left(\dfrac{C_1}{T_1} + \dfrac{C_2}{T_2} + ... + \dfrac{C_n}{T_n} \right) \times 100$

　　여기서, C_i: 특정 소음 내에 노출된 총 시간

　　　　　　T_i: 특정 소음 내에서의 허용노출기준

　　소음노출지수 $= \left(\dfrac{3}{8} + \dfrac{3}{4} \right) \times 100$

　　　　　　　　$= (0.375 + 0.75) \times 100$

　　　　　　　　$= 1.125 \times 100$

　　　　　　　　$= 112.5$

(2) TWA $= 16.61\log(D/100) + 90 \ dB$,

　　여기서, D: 소음노출지수

　　TWA $= 16.61\log(112.5/100) + 90 \ dB$

　　　　　$= 16.61\log 1.125 + 90 \ dB$

　　　　　$= 90.85 \ dB$

5 비행기의 왼쪽과 오른쪽에 엔진이 있고 왼쪽 엔진의 신뢰도는 0.8이고, 오른쪽 엔진의 신뢰도는 0.7이며, 어느 한쪽의 엔진이 고장나면 비행기는 추락하게 된다. 비행기의 신뢰도를 구하시오.

(풀이) **설비의 신뢰도**

오른쪽 엔진 및 왼쪽 엔진 중 어느 한쪽의 엔진이 고장나면 비행기는 추락하게 되므로, 엔진은 직렬체계로 연결되어 있다.

따라서, 비행기 엔진의 신뢰도 = 0.8×0.7 = 0.56 이다.

6 OWAS의 조치단계 분류 4가지를 설명하시오.

(풀이) **OWAS 조치단계 분류**

OWAS의 조치단계 분류는 다음과 같다.

(1) Action Category 1: 이 자세에 의한 근골격계 부담은 문제없다. 개선 불필요하다.

(2) Action Category 2: 이 자세는 근골격계에 유해하다. 가까운 시일 내에 개선해야 한다.
(3) Action Category 3: 이 자세는 근골격계에 유해하다. 가능한 한 빠른 시일 내에 개선해야 한다.
(4) Action Category 4: 이 자세는 근골격계에 매우 유해하다. 즉시 개선해야 한다.

7 Barnes의 동작경제 원칙 중 공구 및 설비의 설계에 관한 원칙에 대해 쓰시오.

(풀이) **Barnes의 동작경제의 원칙**

동작경제 원칙 중 공구 및 설비의 설계에 관한 원칙은 다음과 같다.
(1) 치구, 고정장치나 발을 사용함으로써 손의 작업을 보존하고 손은 다른 동작을 담당하도록 하면 편리하다.
(2) 공구류는 될 수 있는 대로 두 가지 이상의 기능을 조합한 것을 사용하여야 한다.
(3) 공구류 및 재료는 될 수 있는 대로 다음에 사용하기 쉽도록 놓아두어야 한다.
(4) 각 손가락이 사용되는 작업에서는 각 손가락의 힘이 같지 않음을 고려하여야 할 것이다.
(5) 각종 손잡이는 손에 가장 알맞게 고안함으로써 피로를 감소시킬 수 있다.
(6) 각종 레버나 핸들은 작업자가 최소의 움직임으로 사용할 수 있는 위치에 있어야 한다.

8 MTM에서 사용되는 단위인 1 TMU는 몇 초인지 환산하시오.

(풀이) **MTM의 시간 값**

MTM의 시간값은 다음과 같다.
1 TMU = 0.00001시간 = 0.0006분 = 0.036초
따라서, 1 TMU = 0.036초이다.

9 1,000개의 제품 중 10개의 불량품이 발견되었다. 실제로 100개의 불량품이 있었다면 인간신뢰도는 얼마인지 구하시오.

(풀이) **인간신뢰도**

$$휴먼에러확률(HEP) = \hat{P} = \frac{실제\,인간의\,에러\,횟수}{전체\,에러\,기회의\,횟수} = \frac{100-10}{1000} = 0.09$$

인간신뢰도 $= 1 - HEP = 1 - 0.09 = 0.91$

10 다음 [보기]를 보고 Swain의 심리적 분류 중 어디에 해당하는지 쓰시오.

> **보기**
>
> (1) 장애인 주차구역에 주차하여 벌금을 부과 받았다.
> (2) 자동차 전조등을 끄지 않아서 방전되어 시동이 걸리지 않았다.

(풀이) **휴먼에러의 심리적 분류**

(1) 작위 에러(commission error): 필요한 작업 또는 절차의 불확실한 수행으로 인한 에러이다.
(2) 부작위 에러(omission error): 필요한 작업 또는 절차를 수행하지 않는 데 기인한 에러이다.

11 Fail-safe 설계원칙에 대해서 설명하시오.

(풀이) **인간-기계 신뢰도 유지방안**

Fail-safe: 고장이 발생한 경우라도 피해가 확대되지 않고 단순고장이나 한시적으로 운영되도록 하여 안전을 확보하는 개념이다. 즉, 시스템의 일부에 고장이 발생해도 안전한 가동이 자동적으로 취해질 수 있는 구조로 설계하는 방식이다. 예를 들면, 과전압이 흐르면 내려지는 차단기나 퓨즈 등을 설치하여 시스템을 운영하는 방법이다.

12 반사경 없이 모든 방향으로 빛을 발하는 점광원에서 3 m 떨어진 곳의 조도가 50 lux라면 5 m 떨어진 곳의 조도를 구하시오.

(풀이) **조도**

$$조도 = \frac{광량}{(거리)^2} = \frac{50}{\left(\dfrac{5}{3}\right)^2} = 18 \text{ lux}$$

13 유해요인기본조사의 작업장 상황과 근골격계질환 증상조사 항목을 각 2가지씩 쓰시오.

(풀이) **유해요인조사 내용**

작업장 상황 항목은 다음과 같다.
(1) 작업공정 변화

(2) 작업설비 변화

(3) 작업량 변화

(4) 작업속도 및 최근업무의 변화

근골격계질환 증상조사 항목은 다음과 같다.

(1) 근골격계질환 증상과 징후

(2) 직업력

(3) 근무형태

(4) 취미활동

(5) 과거질병력

14 양립성에 대해 설명하고 각 종류에 대해서 설명하시오.

(풀이) **양립성**

양립성의 정의와 종류는 다음과 같다.

(1) 양립성의 정의: 자극들 간의, 반응들 간의 혹은 자극–반응조합의 공간, 운동 혹은 개념적 관계가 인간의 기대와 모순되지 않는 것을 말한다.

(2) 양립성의 종류

　　가. 개념양립성(Conceptual Compatibility): 코드나 심벌의 의미가 인간이 갖고 있는 개념과 양립

　　나. 운동양립성(Movement Compatibility): 조종기를 조작하여 표시장치상의 정보가 움직일 때 반응결과가 인간의 기대와 양립

　　다. 공간양립성(Spatial Compatibility): 공간적 구성이 인간의 기대와 양립

15 [보기]를 보고 알맞은 숫자를 적어 넣으시오.

> **보기**
>
> (남 95%ile, 남 5%ile, 여 95%ile, 여 5%ile, 남녀 평균 합산 50%ile)
>
> (1) 조절치: (　　　　　) ~ (　　　　　)
>
> (2) 최소극단치: (　　　　　)
>
> (3) 최대극단치: (　　　　　)
>
> (4) 평균치: (　　　　)

(풀이) **인체측정 자료의 응용원칙**

(1) 조절치: 여 5%ile~남 95%ile

(2) 최소극단치: 여 5%ile

(3) 최대극단치: 남 95%ile
(4) 평균치: 남녀 평균 합산 50%ile

16 정미시간에 대하여 설명하시오.

(풀이) **정미시간(Normal Time; NT)**

정상시간이라고도 하며, 매회 또는 일정한 간격으로 주기적으로 발생하는 작업요소의 수행시간이다.

정미시간 = 관측시간의 대푯값×레이팅 계수

17 작업을 10회 측정하여 평균 관측시간이 2.2분, 표준편차가 0.35일 때 아래의 조건에 대한 답을 구하시오.

(1) 레이팅계수가 110%이고, 정미시간에 대한 여유율이 20%일 때, 표준시간과 8시간 근무 중 여유시간을 구하시오.

(2) 정미시간에 대한 여유율 20%를 근무시간에 대한 비율로 잘못 인식, 표준시간 계산할 경우 기업과 근로자 중 어느 쪽에 불리하게 되는지 표준시간(분)을 구해서 설명하시오.

(풀이) **표준시간 구하는 공식**

(1) 외경법(정미시간에 대한 비율을 여유율로 사용)

정미시간 = 관측시간의 대푯값× $\dfrac{\text{레이팅 계수}}{100}$ = $2.2 \times \dfrac{110}{100}$ = 2.42

표준시간 = 정미시간×(1+여유율) = 2.42×(1+0.20) = 2.90

표준시간에 대한 여유시간 = 표준시간−정미시간 = 2.90−2.42 = 0.48

표준시간에 대한 여유시간 비율 = $\dfrac{\text{표준시간에 대한 여유시간}}{\text{표준시간}}$ = $\dfrac{0.48}{2.90}$ = 0.17

8시간 근무 중 여유시간 = 480×0.17 = 81.6분

(2) 내경법(근무시간에 대한 비율을 여유율로 사용)

정미시간에 대한 여유율을 근무시간에 대한 비율로 잘못 인식하였으므로, 내경법을 이용하여 표준시간을 계산한다.

내경법에 의한 표준시간:

정미시간 = 관측시간의 대푯값× $\dfrac{\text{레이팅 계수}}{100}$ = $2.2 \times \dfrac{110}{100}$ = 2.42

$$\text{표준시간} = \text{정미시간} \times \left(\frac{1}{1-\text{여유율}} \right) = 2.42 \times \left(\frac{1}{1-0.20} \right) = 3.03$$

따라서, 외경법으로 구한 표준시간은 2.90, 여유율을 잘못 인식하여 내경법으로 구한 표준시간은 3.03으로 내경법으로 구한 표준시간이 크므로 기업 쪽에서 불리하다.

18 근골격계질환 예방·관리 프로그램 진행 절차를 적으시오.

(풀이) **근골격계질환 예방·관리 프로그램 추진 절차**

근골격계질환 예방·관리 프로그램 추진 절차는 다음과 같다.

(1) 근골격계 유해요인조사 및 작업평가

(2) 예방관리 정책수립

(3) 교육/훈련실시

(4) 초진증상자 및 유해요인 관리

(5) 작업환경 개선활동 및 의학적 관리

(6) 프로그램 평가

인간공학기사 실기시험 문제풀이 14회[171]

1 다음 물음에 답하시오.

(1) 조종장치의 손잡이 길이가 15 cm이고, 20°를 움직였을 때 표시장치에서 3 cm가 이동하였다. C/R비와 적합성을 판정하시오.

(2) 5 m 거리에서 볼 수 있는 낮은 조명에서 눈금의 최소간격은 얼마인지 구하시오.

> **풀이** 조종-반응비율(Control-Response Ratio), 정량적 눈금의 길이

(1) C/R비 $= \dfrac{(a/360) \times 2\pi L}{\text{표시장치의 이동거리}}$

$\quad\quad\quad = \dfrac{(20/360) \times 2 \times 3.14 \times 15 \text{ cm}}{3 \text{ cm}}$

$\quad\quad\quad = 1.74$

조종간의 경우 2.5~4.0이 최적의 C/R비 이므로 1.74는 부적합하다.

(2) 정상 시거리인 71 cm를 기준으로 정상 조명에서는 1.3 mm, 낮은 조명에서는 1.8 mm가 권장된다.

71 cm: 1.8 mm = 5 m: x

$x = \dfrac{1.8 \times 5000}{710}$

따라서, $x = 12.68$ mm

2 다음은 앉은 오금 높이에 대한 데이터이다. 조절식으로 의자를 설계할 경우 90%ile값을 수용할 수 있는 의자의 높이 범위를 구하시오(단, 신발의 두께는 2.5 cm, 옷의 두께는 0.5 cm 이다).

> 의자 높이를 조절식으로 구하는 식
> = 90%ile을 수용할 수 있는 의자의 범위치수+신발의 두께(2.5 cm)+옷의 두께(0.5 cm)
> = 90%ile의 수용 범위치수+3 cm

퍼센타일	1%	5%	50%	95%	99%
실제치수	23.2 cm	24.4 cm	34.8 cm	45.2 cm	46.2 cm

(풀이) **인체측정 자료의 응용원칙**

조절식 설계: 체격이 다른 여러 사람에게 맞도록 조절식으로 만드는 것을 말한다. 따라서, 통상 5~95% 까지 범위의 값을 수용대상으로 하여 설계한다.

(1) 5%ile = 5%ile의 실제치수+신발의 두께(2.5 cm)+옷의 두께(0.5 cm)
　　　　 = 24.4 cm+2.5 cm+0.5 cm = 27.4 cm

(2) 95%ile = 95%ile의 실제치수+신발의 두께(2.5 cm)+옷의 두께(0.5 cm)
　　　　　 = 45.2 cm+2.5 cm+0.5 cm = 48.2 cm

따라서, 90%ile값을 수용할 수 있는 의자의 높이 범위는 27.4 cm~48.2 cm이다.

3 산업안전보건법상 수시 유해요인조사를 실시해야 하는 경우 3가지를 쓰시오.

(풀이) **수시 유해요인조사의 사유 및 시기**

수시 유해요인조사를 실시해야 하는 경우는 다음과 같다.
(1) 산업안전보건법에 의한 임시건강진단 등에서 근골격계질환자가 발생하였거나 산업재해보상보험법에 의한 근골격계질환자가 발생한 경우
(2) 근골격계 부담작업에 해당하는 새로운 작업·설비를 도입한 경우
(3) 근골격계 부담작업에 해당하는 업무의 양과 작업공정 등 작업환경을 변경한 경우

4 작업자-복수기계 작업 분석표(Man-Multi Machine Chart)가 다음과 같을 때 작업자와 기계의 유휴가 발생되지 않는 이론적 기계의 대수를 구하시오.

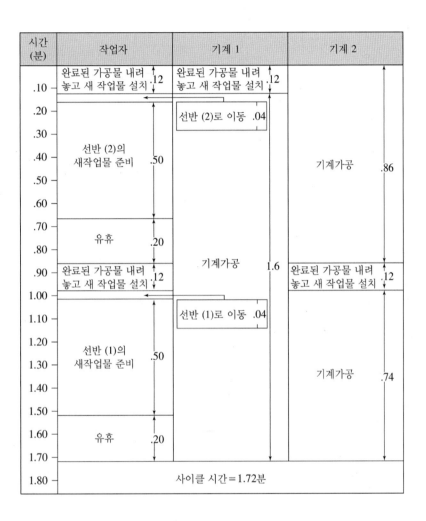

（풀이） **작업자-복수기계 작업분석표(Man-Multi Machine Chart)**

a: 작업자와 기계의 동시 작업시간 = 0.12분

b: 독립적인 작업자 활동시간 = 0.54분

t: 기계가동시간 = 1.6분

이론적 기계대수(n) = (기계 1대의 작업시간)/(작업자의 작업시간)

= (a+t)/(a+b) = (0.12+1.6)/(0.12+0.54)

= 2.61(대)

5 표준시간 산정 시 직접측정법 3가지를 쓰시오.

> **풀이) 직접측정법**
> 표준시간 산정 시 직접측정법의 종류는 다음과 같다.
> (1) 스톱워치법
> (2) 촬영법
> (3) VTR 분석법
> (4) 워크샘플링법

6 전문가가 체크리스트나 평가기준을 가지고 평가대상을 보면서 사용성에 관한 문제점을 찾아나가는 사용성 평가방법은 무엇인지 쓰시오.

> **풀이) 휴리스틱 평가법**
> 휴리스틱 평가법이란 전문가가 체크리스트나 평가기준을 가지고 평가대상을 보면서 사용성에 관한 문제점을 찾아나가는 사용성 평가방법이다.

7 C/R비의 민감도를 높이기 위한 방안을 쓰시오.

> **풀이) 조종-반응비율(Control-Response Ratio)**
> C/R비가 낮을수록 민감하므로, 표시장치의 이동거리를 크게 하고 조종장치의 움직이는 각도를 작게 한다.

8 신호검출이론에서 다음 문제를 보고 괄호 안에 알맞은 내용을 쓰시오.

(1) 신호가 나타났을 때 신호라고 판정하는 것을 (   )이라고 한다.
(2) 잡음을 신호로 판정하는 것을 (   )라고 한다.
(3) 신호를 잡음으로 판정하는 것을 (   )라고 한다.
(4) 잡음을 잡음으로 판정하는 것을 (   )이라고 한다.

> **풀이) 신호검출이론(SDT)**
> 신호의 유무를 판정하는 과정에서 네 가지의 반응 대안이 있으며, 각각의 확률은 다음과 같이 표현된다.

(1) 신호가 나타났을 때 신호라고 판정하는 것을 (신호의 정확한 판정, Hit)이라고 한다.

(2) 잡음을 신호로 판정하는 것을 (허위경보, False Alarm)라고 한다.

(3) 신호를 잡음으로 판정하는 것을 (신호검출실패, Miss)라고 한다.

(4) 잡음을 잡음으로 판정하는 것을 (잡음을 제대로 판정, Correct Noise)이라고 한다.

9 평균 눈높이가 170 cm이고 표준편차는 5.4일 때 눈높이 5%ile 값과 95%ile 값을 구하시오 (단, %ile 계수: 1%는 0.28, 5%는 1.65).

(1) 5%ile:

(2) 95%ile:

(풀이) **인체측정 자료의 응용원칙**

(1) 5%ile = 평균−(표준편차×%ile계수) = 170 cm−(5.4×1.65) = 161.09 cm

(2) 95%ile = 평균+(표준편차×%ile계수) = 170 cm+(5.4×1.65) = 178.91 cm

10 사용성 평가기법의 대표적인 정성적 조사방법 중 하나로 이 방법은 관심이 있는 특성을 기준으로 표적집단 3~5개 그룹으로 분류한 뒤, 각 그룹별로 6~8명의 참가자들을 대상으로 진행자가 조사목적과 관련된 토론을 함으로써 평가대상에 대한 의견이나 문제점 등을 조사하는 방법으로 이를 무엇이라고 하는지 쓰시오.

(풀이) **포커스 그룹 인터뷰(Focus Group Interview; FGI)**

FGI (Focus Group Interview)

11 PL법에서 제조물책임 예방 대책 중 제조물을 공급하기 전 대책 3가지를 쓰시오.

(풀이) **제조물책임 사고의 예방(Product Liability Prevention; PLP) 대책**

PL법에서 제조물을 공급하기 전 대책은 다음과 같다.

(1) 설계상의 결함예방 대책

(2) 제조상의 결함예방 대책

(3) 경고라벨 및 사용설명서 작성(표시결함) 시 유의사항

12 산업체의 재해 발생에 따른 재해 원인조사를 하려고 할 때, 해당 항목을 4가지로 정의하고 이를 수행하는 순서를 제시하시오.

( ) → ( ) → ( ) → ( )

（풀이） **재해조사의 순서**

(사실의 확인) → (직접원인과 문제점 발견) → (기본원인과 문제점 해결) → (대책수립)

13 아래 표를 보고 전달정보량과 출력정보량을 구하시오.

구분	통과	정지	합계
빨강	3	2	5
파랑	5	0	5
합계	8	2	10

(1) 전달정보량:

(2) 출력정보량:

（풀이） **정보량**

(1) 전달정보량 $= T(X, Y) = H(X) + H(Y) - H(X, Y)$

　가. $H(X) = 0.5\log_2\dfrac{1}{0.5} + 0.5\log_2\dfrac{1}{0.5} = 1$ bit

　나. $H(Y) = 0.8\log_2\dfrac{1}{0.8} + 0.2\log_2\dfrac{1}{0.2} = 0.72$ bit

　다. $H(X, Y) = 0.3\log_2\dfrac{1}{0.3} + 0.2\log_2\dfrac{1}{0.2} + 0.5\log_2\dfrac{1}{0.5} = 1.49$ bit

　따라서, 전달정보량은 1+0.72−1.49 = 0.23 bit이다.

(2) 출력정보량 $= H(Y)$

　$H(Y) = 0.8\log_2\dfrac{1}{0.8} + 0.2\log_2\dfrac{1}{0.2} = 0.72$ bit

　따라서, 출력정보량은 0.72 bit이다.

14 다음 문제를 보고 알맞은 단어를 쓰시오.

(1) 색을 구별하며, 황반에 집중되어 있는 세포:

(2) 주로 망막 주변에 있으며, 밤처럼 조도수준이 낮을 때 기능을 하며 흑백의 음영만을 구분하는 세포:

> **풀이** **망막의 구조**
>
> (1) 원추세포: 색을 구별하며, 황반에 집중되어 있는 세포
> (2) 간상세포: 주로 망막 주변에 있으며, 밤처럼 조도수준이 낮을 때 기능을 하며 흑백의 음영만을 구분하는 세포

15 부품배치의 원칙 4가지를 쓰시오.

> **풀이** **구성요소(부품) 배치의 원칙**
>
> 부품배치의 원칙 4가지는 다음과 같다.
> (1) 중요성의 원칙
> (2) 사용빈도의 원칙
> (3) 기능별 배치의 원칙
> (4) 사용순서의 원칙

16 NIOSH 들기 작업지침의 계수 6가지를 쓰시오(단, 약어로 쓸 경우 설명을 추가하시오).

> **풀이** **NLE의 상수**
>
> NIOSH 들기 작업지침의 계수 6가지는 다음과 같다.
> (1) HM = 수평계수
> (2) VM = 수직계수
> (3) DM = 거리계수
> (4) AM = 비대칭계수
> (5) FM = 빈도계수
> (6) CM = 결합계수

17 사용성 평가에서 완성된 과제의 비율, 실패와 성공의 비율, 사용된 메뉴나 명령어의 수와 같은 측정치는 사용자 인터페이스의 어떤 측면을 평가하고자 하는 것인지 쓰시오.

> (풀이) **효과성**
>
> 효과성: 시스템이 사용자의 목적을 얼마나 충실히 달성하게 하는지를 의미하기도 하고, 사용자의 과업수행의 정확성과 수행완수 여부를 뜻하기도 한다.

18 VDT 작업관리지침 중 눈부심방지 예방 방법 4가지를 쓰시오.

> (풀이) **작업환경 관리 중 눈부심방지 예방 방법**
>
> VDT 작업관리지침 중 눈부심방지 예방 방법은 다음과 같다.
> (1) 화면의 경사를 조정할 것
> (2) 저휘도형 조명기구를 사용할 것
> (3) 화면상의 문자와 배경과의 휘도비를 낮출 것
> (4) 화면에 후드를 설치하거나 조명기구에 간이 차양막 등을 설치할 것

인간공학기사 실기시험 문제풀이 15회[163]

1 수행도 평가에 대하여 설명하고, 수행도 평가방법 3가지를 쓰시오.

(풀이) **수행도 평가(performance rating)**

(1) 수행도 평가: 관측 대상작업 작업자의 작업 페이스를 정상작업 페이스 혹은 표준 페이스와 비교하여 보정해 주는 과정

(2) 수행도 평가방법
  가. 속도평가법: 관측자는 작업의 내용을 충분히 파악하여 작업의 난이도에 상응하는 표준속도를 마음속에 간직한 다음, 작업자의 속도와 비교하여 요소작업별로 레이팅한다.
  나. Westinghouse System: 작업자의 수행도를 숙련도(skill), 노력(effort), 작업환경(conditions), 일관성(consistency)등 네 가지 측면을 평가하여, 각 평가에 해당하는 레벨점수를 합산하여 레이팅계수를 구한다.
  다. 객관적평가법: 동작의 속도만을 고려하여 표준시간을 정한 다음, 작업의 난이도나 특성은 고려하지 않고 실제동작의 속도와 표준속도를 비교하여 평가를 행한다. 이 작업을 1차 평가라고 하며, 이때 추정된 비율을 속도평가계수 또는 1차조정계수라고 부른다.
  라. 합성평가법: 레이팅 시 관측자의 주관적 판단에 의한 결함을 보정하고, 일관성을 높이기 위해 제안되었다.

2 RULA의 단점에 대해서 서술하시오.

(풀이) **RULA의 단점**

상지의 분석에 초점을 두고 있기 때문에 전신의 작업자세 분석에는 한계가 있다(예로, 쪼그려 앉은 작업자세와 같은 경우는 작업자세 분석이 어렵다).

_3_ 근골격계질환 예방을 위한 관리적 개선방안 6가지를 쓰시오.

> (풀이) **근골격계질환의 관리적 개선방안**
>
> 근골격계질환 예방을 위한 관리적 개선방안은 다음과 같다.
> (1) 작업의 다양성 제공(작업 확대)
> (2) 작업일정 및 작업속도 조절
> (3) 작업자에 대한 휴식시간(회복시간) 제공
> (4) 작업자 교대
> (5) 작업공간, 공구 및 장비의 정기적인 청소 및 유지보수
> (6) 근골격계질환 예방체조의 도입(운동체조 강화)
> (7) 근골격계질환 관련 교육 실시

_4_ 어떤 요소작업의 관측시간의 평균값이 0.1분이고, 객관적 레이팅 법에 의해 1차 조정계수는 120%, 2차 조정계수는 50%일 때 정미시간을 구하시오.

> (풀이) **객관적 평가법(objective rating)**
>
> 객관적 레이팅 법에 의한 정미시간 = 관측시간×속도평가계수×(1+2차 조정계수)
> 따라서, 정미시간 = 관측시간×속도평가계수×(1+2차 조정계수) = 0.1×1.2×(1+0.5) = 0.18분

_5_ RULA를 사용하여 상지 작업을 측정하고자 할 때 어떤 부위의 각도를 측정하여야 하는지 5가지를 쓰시오.

> (풀이) **RULA**
>
> 위팔, 아래팔, 손목, 목, 몸통

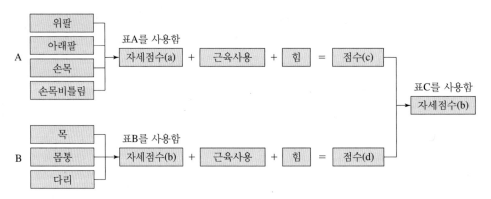

6 근골격계 부담요인 중 작업자세, 노출시간, 진동을 제외한 5가지 요인을 쓰시오.

> (풀이) **근골격계 부담요인**
>
> 근골격계 부담요인은 다음과 같다.
> (1) 반복성
> (2) 과도한 힘
> (3) 개인적인 특성
> (4) 접촉스트레스
> (5) 온도, 조명 등 기타 요인

7 시각적, 청각적 표시장치를 사용해야하는 경우를 각각 3가지씩 적으시오.

> (풀이) **청각장치와 시각장치 사용의 특성**
>
> (1) 시각적 표시장치가 청각적 표시장치보다 이로운 경우
>   가. 전달정보가 복잡하고 길 때
>   나. 전달정보가 후에 재 참조될 경우
>   다. 전달정보가 공간적인 위치를 다룰 때
>   라. 전달정보가 즉각적인 행동을 요구하지 않을 때
>   마. 수신자의 청각 계통이 과부하 상태일 때
>   바. 수신 장소가 시끄러울 때
>   사. 직무상 수신자가 한곳에 머무르는 경우
>
> (2) 청각적 표시장치가 시각적 표시장치보다 이로운 경우
>   가. 전달정보가 간단하고 짧을 때
>   나 전달정보가 후에 재 참조되지 않을 경우
>   다. 전달정보가 시간적인 사상을 다룰 때
>   라. 전달정보가 즉각적인 행동을 요구할 때
>   마. 수신자의 시각 계통이 과부하 상태일 때
>   바. 수신 장소가 너무 밝거나 암조응 유지가 필요할 때
>   사. 직무상 수신자가 자주 움직이는 경우

8 1 cd의 점광원으로부터 3 m 떨어진 구면의 조도를 구하시오.

> (풀이) **조도**
>
> $$조도 = \frac{광량}{거리^2} = \frac{1}{3^2} = 0.11 \ \text{lux}$$

9 혈액의 원활한 공급이 이루어지지 않을 경우에 손가락이 하얗게 변하고 마비되는 증상을 무엇이라고 하는지 쓰시오.

> (풀이) **백색수지증**
>
> 손가락에 혈액의 원활한 공급이 이루어지지 않을 경우에 발생하는 증상이다.

10 칼과 드라이버 같은 수공구 손잡이의 크기를 극단적 설계원칙을 적용하여 설명하시오.

> (풀이) **인체측정 자료의 응용원칙**
>
> 극단적 설계원칙이란 특정한 설비를 설계할 때, 어떤 인체측정 특성의 한 극단에 속하는 사람을 대상으로 설계하면 거의 모든 사람을 수용할 수 있는 원칙을 말한다. 칼과 드라이버의 손잡이를 최소집단값에 의한 설계에 맞추어 설계를 한다면 거의 모든 사람을 수용할 수 있을 것이다.

11 전력공급 차단을 대비하기 위해 전력공급 기계장치의 Backup software가 존재한다. 전력공급사의 작업자 오류발생 확률이 10%, 전력공급 기계장치 자체의 오작동발생 확률이 5%이고 Backup software의 오작동발생 확률이 10%일 때, 전체 시스템 신뢰도 R을 구하시오(단, 소수 넷째 자리까지 쓰시오).

> (풀이) **설비의 신뢰도**

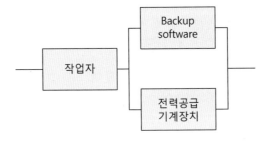

신뢰도 $R = 0.9 \times \{1-(1-0.9) \times (1-0.95)\} = 0.8955$

12 다음은 인간공학 법칙 및 방법에 대해서 열거되어 있다. 다음 물음에 답하시오.

(1) 형용사를 이용하여 인간의 심상을 측정하는 방법은 무엇인지 쓰시오.

(2) 어떤 자료를 나타내는 특성치가 몇 개의 변수에 영향을 받을 때 이들 변수의 특성치에 대한 영향의 정도를 명확히 하는 자료해석법은 무엇인지 쓰시오.

(3) 2차원, 3차원 좌표에 도형으로 표시를 하여 데이터의 상관관계 등을 파악하기 위해 점을 찍어 측정하는 통계기법이 무엇인지 쓰시오.

> **풀이** **감성공학적 접근방법, 문제의 분석도구**
> (1) 의미미분법(SD법)
> (2) 다변량 분석법
> (3) 산점도

13 고속도로 표지판에 글자를 15 m에서 높이가 2.5 cm인 글자를 보았다. 문자의 높이와 굵기의 비율이 5 : 1일 때, 다음 물음에 답하시오.

(1) 15 m에서 글자를 볼 때의 시각을 구하시오(단, 소수 셋째 자리까지 구하시오.)

(2) 60 m에서 글자를 볼 경우 문자의 높이를 구하시오.

(3) 글자의 굵기를 구하시오.

> **풀이** **최소가분시력**
> (1) 시각$(')$ $= \dfrac{(57.3)(60)H}{D} = \dfrac{(57.3)(60)2.5}{1500} = 5.730$
>
> (2) 15 m에서 문자의 높이가 2.5 cm이므로 $15 : 2.5 = 60 : x$, $x = 10$ cm
> 따라서, 60 m에서의 문자 높이는 10 cm이다.
>
> (3) 높이와 굵기의 비율이 5 : 1이므로 굵기는 2 cm이다.

14 세탁기 작동 중에 세탁기의 문을 열었을 때 세탁기를 멈추게 하는 강제적인 기능과 그 기능의 설명을 쓰시오.

(1) 강제적인 기능:

(2) 기능의 설명:

> **풀이** **Interlock system**
> (1) Interlock system
> (2) 기계의 위험부분에 설치하는 안전커버 등이 개방되면 그 기계를 가동할 수 없도록 하거나, 안전장치 등이 정상적으로 사용되지 못하면 기계를 작동할 수 없도록 함

15 양립성의 종류 3가지를 쓰시오.

> **풀이** **양립성**
> 양립성의 종류는 다음과 같다.
> (1) 개념양립성: 코드나 심벌의 의미가 인간이 갖고 있는 개념과 양립
> (2) 운동양립성: 조종기를 조작하여 표시장치상의 정보가 움직일 때 반응결과가 인간의 기대와 양립
> (3) 공간양립성: 공간적 구성이 인간의 기대와 양립

16 근육 수축 시 미오신과 액틴은 길이가 변하지 않는다. 이때 액틴과 미오신 사이의 짙은 갈색 부분을 무엇이라고 하는지 쓰시오.

> **풀이** **근육의 구성**
> A대: 액틴과 미오신의 중첩된 부분, 어둡게 보인다.

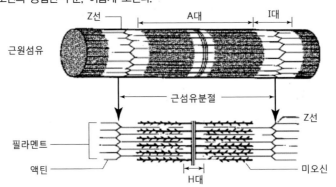

17 다음 물음에 답하시오.

(1) 상완을 자연스럽게 수직으로 늘어뜨린 채, 전완만으로 편하게 뻗어 파악할 수 있는 구역

(2) 전완과 상완을 곧게 펴서 파악할 수 있는 구역

풀이 | 작업공간

(1) 정상작업영역
(2) 최대작업영역

18 NIOSH 들기 작업지침의 계수 6가지를 쓰시오(단, 약어 혹은 기호로 작성하지 말 것).

풀이 | NLE의 상수

NIOSH 들기 작업지침의 계수 6가지는 다음과 같다.

(1) 수평 계수
(2) 수직 계수
(3) 거리 계수
(4) 비대칭 계수
(5) 빈도 계수
(6) 결합 계수

1 사다리의 한계중량 설계가 아래와 같이 주어졌을 경우 다음의 각 질문에 답하시오(단, $Z_{0.01}$ = 2.326).

	평균	표준편차	최대치	최소치
남	70.1 kg	9	93.6 kg	50.9 kg
여	54.8 kg	4.49	77.6 kg	41.5 kg

(1) 한계중량을 설계할 때 적용해야 할 응용원칙과 그 이유를 쓰시오.

(2) 응용한 설계원칙에 따라 사다리의 한계중량을 계산하시오.

풀이 **인체측정 자료의 응용원칙**

(1) 가. 응용원칙: 극단적 설계를 이용한 최대치수 적용

　　나. 이유: 한계중량을 설계할 때 측정중량의 최대집단값을 이용하여 설계하면 그 이하의 모든 중량은 수용할 수 있기 때문이다.

(2) 설계원칙에 따라 최대집단값을 이용하여 설계하므로, 99%ile의 값($Z_{0.01}$)을 사용한다.

　　%ile인체치수 = 평균+(표준편차×%ile계수) = 70.1+(9×2.326) = 91.03

　　따라서, 사다리의 한계중량은 91.03 kg이다.

2 파악한계, 정상작업영역, 최대작업영역에 대해서 정의하시오.

(풀이) **작업공간**

(1) 파악한계: 앉은 작업자가 특정한 수작업기능을 편히 수행할 수 있는 공간의 외곽한계이다.
(2) 정상작업영역: 상완을 자연스럽게 수직으로 늘어뜨린 채, 전완만으로 편하게 뻗어 파악할 수 있는 구역(34~45 cm)이다.
(3) 최대작업영역: 전완과 상완을 곧게 펴서 파악할 수 있는 구역(55~65 cm)이다.

3 청각 표시장치에서 근사성(approximation)에 대해 설명하시오.

(풀이) **청각신호의 근사성(approximation)**

근사성이란, 복잡한 정보를 나타내고자 할 때 2단계의 신호를 고려하는 것을 말하며, 종류는 다음과 같다.
(1) 주의신호: 주의를 끌어서 정보의 일반적 부류를 식별
(2) 지정신호: 주의신호로 식별된 신호에 정확한 정보를 지정

4 근골격계 부담작업을 하는 경우에 사업주가 근로자에게 알려야 하는 사항 3가지를 쓰시오(기타, 근골격계질환 예방에 관련된 사항은 제외한다).

(풀이) **근골격계질환 예방·관리 작업자 교육**

사업주가 근로자에게 알려야하는 사항은 다음과 같다.
(1) 근골격계 부담작업의 유해요인
(2) 근골격계질환의 징후와 증상
(3) 근골격계질환 발생 시의 대처요령
(4) 올바른 작업자세와 작업도구, 작업시설의 올바른 사용방법

5 NIOSH 중량물 들기 작업 지침의 기준 4가지 중 3가지만 쓰시오.

(풀이) **NIOSH 중량물 들기 작업 지침의 기준**

NIOSH 중량물 들기 작업 지침의 기준 4가지는 다음과 같다.
(1) 역학적 기준
(2) 생체역학적 기준
(3) 생리학적 기준

(4) 정신물리학적 기준

6 청력보존 프로그램의 중요 요소 5가지를 쓰시오.

> **(풀이) 청력보존 프로그램**
> 청력보존 프로그램의 중요 요소는 다음과 같다.
> (1) 소음 측정
> (2) 공학적 관리
> (3) 청력 보호구 착용
> (4) 청력 검사(의학적 판단)
> (5) 보건 교육 및 훈련

7 형용사를 사용하여 감성을 표현할 수 있으며 3, 5, 7점을 주면서 평가하는 척도를 무엇이라 하는지 쓰시오.

> **(풀이) 의미미분법**
> 의미미분법: SD법이라고도 하며, 형용사를 이용하여 인간의 심상을 측정하는 방법으로 형용사를 소재로 하여 인간의 심상공간을 측정한다.

8 근골격계질환 예방·관리 프로그램의 시행조건을 기술하시오(단, 고용노동부 장관이 필요하다고 인정하여 근골격계질환 예방·관리 프로그램을 수립하여 시행할 것을 명령한 경우는 제외).

> **(풀이) 근골격계질환 예방·관리 프로그램 적용대상**
> 근골격계질환 예방·관리 프로그램의 시행조건은 다음과 같다.
> (1) 근골격계질환으로 업무상 질병을 인정받은 근로자가 연간 10인 이상 발생한 사업장
> (2) 근골격계질환으로 업무상 질병을 인정받은 근로자가 5인 이상 발생한 사업장으로서 그 사업장 근로자수의 10% 이상인 경우

9 정상 작업시간 12분에서 실제 작업시간이 10분일 경우 레이팅계수를 구하시오.

(풀이) **레이팅계수(R)**

$$\text{레이팅계수(R)} = \frac{\text{정상작업시간}}{\text{실제작업시간}} \times 100\% = \frac{12}{10} \times 100\% = 120\%$$

10 웨버(Weber)의 비가 1/60 이면, 길이가 20 cm인 경우 직선상에 어느 정도의 길이에서 감지할 수 있는지 쓰시오.

(풀이) **웨버의 법칙(Weber's law)**

$$\text{웨버의 비} = \frac{\text{변화감지역}}{\text{기준자극의 크기}}$$

$$\frac{1}{60} = \frac{x}{20}$$

따라서, $x = 0.33$ cm

11 착오, 실수, 건망증에 대하여 설명하시오.

(풀이) **휴먼에러의 유형**

(1) 착오: 부적합한 의도를 가지고 행동으로 옮긴 경우
(2) 실수: 의도는 올바른 것이지만 반응의 실행이 올바른 것이 아닌 경우
(3) 건망증: 여러 과정이 연계적으로 일어나는 행동을 잊어버리고 안하는 경우

12 조종장치의 손잡이 길이가 15 cm이고, 30°를 움직였을 때 표시장치에서 3 cm가 이동하였다.

(1) C/R비를 구하시오.

(2) 적합성을 판정하시오.

풀이 조종-반응비율(Control-Response Ratio)

(1) C/R비 = $\dfrac{(a/360) \times 2\pi L}{\text{표시장치 이동거리}}$ = $\dfrac{(30/360) \times 2\pi \times 15 \text{ cm}}{3 \text{ cm}}$ = 2.62

(2) 조종간의 경우 2.5~4.0이 최적의 C/R비이므로, 2.62는 적합하다.

13 다음은 합성평가법을 나타낸 표이며, 레이팅계수를 구하시오.

요소작업	관측시간 평균	작업요소	PTS를 적용한 시간치	레이팅계수
1	0.22	인적요소	0.096	
2	0.34	인적요소		
3	0.11	인적요소		
4	0.54	인적요소		
5	0.41	인적요소	0.64	
6	0.09	인적요소		
7	0.23	인적요소		
8	0.20	기계요소		
9	0.31	인적요소		
10	0.37	인적요소		
11	0.42	인적요소		

풀이 합성평가법(synthetic rating)

(1) 합성평가법: 레이팅 시 관측자의 주관적 판단에 의한 결함을 보정하고, 일관성을 높이기 위해 제안되었다.

(2) 레이팅계수 = PTS를 적용하여 산정한 시간치/실제 관측 평균치

요소작업	관측시간 평균	작업요소	PTS를 적용한 시간치	레이팅계수
1	0.22	인적요소	0.096	0.44
2	0.34	인적요소		
3	0.11	인적요소		
4	0.54	인적요소		
5	0.41	인적요소	0.64	1.56
6	0.09	인적요소		
7	0.23	인적요소		
8	0.20	기계요소		
9	0.31	인적요소		
10	0.37	인적요소		
11	0.42	인적요소		

14 근육이 수축할 때 미오신 필라멘트 속으로 액틴 필라멘트가 미끄러져 들어간 결과로 근육이 짧아지는 이론을 무엇이라 하는지 쓰시오.

> (풀이) **근육수축 이론(sliding filament theory)**
>
> 근육수축 이론: 근육은 자극을 받으면 수축을 하는데, 이러한 수축은 근육의 유일한 활동으로 근육의 길이는 단축된다. 근육이 수축할 때 짧아지는 것은 미오신 필라멘트 속으로 액틴 필라멘트가 미끄러져 들어간 결과이다.

15 REBA에서 허리 굽힘의 기준각도를 쓰시오.

> (풀이) **REBA의 허리자세 평가**
>
> REBA 허리 굽힘의 기준 각도는 다음과 같다.
> (1) 똑바로 선 자세일 때: 1점
> (2) 허리가 앞 또는 뒤로 구부린 자세일 때: 2점
> (3) 허리가 앞으로 20°~ 60° 구부리거나 20° 이상 뒤로 젖힌 상태일 때: 3점
> (4) 60° 이상 앞으로 허리를 구부린 자세일 때: 4점

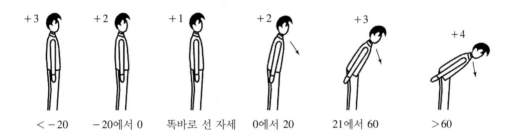

16 [보기]를 보고 검사기반평가를 고르시오.

> **보기**
>
> (1) 사용자 관찰법
> (2) 사용자 설문조사법
> (3) GOMS 모델
> (4) 휴리스틱 평가법

(풀이) **사용성평가 방법**

정답은 (2) 사용자 설문조사법, (4) 휴리스틱 평가법이다.

(1) 사용자 관찰법: 사용자를 계속 관찰함으로써 문제점을 찾아내는 방법
(2) 사용자 설문조사법: 설문조사에 의한 시스템 평가법은 제일 손쉽고 경제적인 방법으로 사용자에게 시스템을 사용하게 하고, 준비된 설문지에 의해 그들의 사용경험을 조사하는 방법
(3) GOMS 모델: 숙련된 사용자가 인터페이스에서 특정작업을 수행하는 데 얼마나 많은 시간을 소요하는지 예측할 수 있는 모델
(4) 휴리스틱 평가법: 전문가가 평가대상을 보면서 체크리스트나 평가기준을 가지고 평가하는 방법

17 23 kg의 박스 2개를 들 때, LI 지수를 구하시오(단, RWL = 23 kg).

(풀이) **RWL과 LI**

LI = 작업물 무게/RWL = (23×2) kg/23 kg = 2

18 50 m 떨어진 거리에서 잰 소음이 120 dB(A)이었다면, 1,000 m 떨어진 거리에서의 소음수준은 얼마인지 쓰시오.

(풀이) **거리에 따른 음의 강도 변화**

거리에 따른 음의 강도변화

$dB_2 = dB_1 - 20\log(d_2/d_1) = 120 - 20\log(1000/50) = 93.98$ dB(A)

1 근골격계질환 예방·관리 프로그램의 중요 내용 5가지를 쓰시오.

> **풀이** **근골격계질환 예방·관리 프로그램의 중요 내용**

근골격계질환 예방·관리 프로그램의 중요 내용은 다음과 같다.
(1) 근골격계 유해요인조사 및 작업평가
(2) 예방·관리 정책수립
(3) 교육 및 훈련 실시
(4) 초진증상자 및 유해요인 관리
(5) 의학적 관리 및 작업환경 개선활동
(6) 프로그램 평가

2 제조물에 결함이 있다고 하더라도 제조물책임법이 성립이 되지 않는 경우가 있다. 제조물책임법 성립 요구조건을 2가지 쓰시오.

> **풀이** **제조물책임법 성립 요구조건**

제조물책임법 성립 요구조건은 다음과 같다.
(1) 제조물의 결함이 원인이 된 경우
(2) 소비자가 생명·신체 또는 재산에 손해를 입은 경우

3 비행기의 조종장치는 운용자가 쉽게 인식하고 조작할 수 있도록 코딩을 해야 한다. 이때 사용되는 비행기의 조종장치에 대한 코딩(암호화) 방법 6가지를 쓰시오.

> **풀이** **코딩(암호화)**
>
> 비행기의 조종장치에 대한 코딩(암호화)의 방법은 다음과 같다.
>
> (1) 색 코딩: 색에 특정한 의미가 부여될 때(예를 들어, 비상용 조종장치에는 적색) 매우 효과적인 방법이 된다.
>
> (2) 형상 코딩: 조종장치는 시각뿐만 아니라 촉각으로도 식별 가능해야 하며, 날카로운 모서리가 없어야 한다. 조종장치에 대한 형상 코딩의 주요 용도는 촉감으로 조종장치의 손잡이나 핸들을 식별하는 것이다.
>
> (3) 크기 코딩: 운용자가 적절한 조종장치를 선택하기 전에 촉감으로 구별하지 못할 때는 조종장치의 크기를 두 종류 혹은 많아야 세 종류만 사용하여야 한다(지름 1.3 cm, 두께 0.95 cm 차이 이상이면 촉각에 의해서 정확하게 구별할 수 있다).
>
> (4) 촉감 코딩: 표면의 촉감을 달리하는 코딩을 할 수 있다. 흔히 사용되는 표면가공 중 매끄러운 면, 세로 홈, 깔쭉면 표면의 3종류로 정확하게 식별할 수 있다.
>
> (5) 위치 코딩: 유사한 기능을 가진 조종장치는 모든 패널에서 상대적으로 같은 위치에 있어야 하며, 운용자는 조종장치가 그들의 정면에 있을 때 위치를 좀 더 정확하게 구별할 수 있다.
>
> (6) 작동방법에 의한 코딩: 작동방법에 의해서 조종장치를 암호화하면 각 조종장치는 고유한 작동방법을 갖게 된다. 예를 들면, 하나는 밀고 당기는 종류이고, 다른 것은 회전식인 경우이다.

4 조종장치의 손잡이 길이가 12 cm이고, 45°를 움직였을 때 표시장치에서 6 cm가 이동하였다. 이때, C/R비를 구하시오.

> **풀이** **조종-반응비율(Control-Response Ratio)**
>
> $$\text{C/R비} = \frac{(a/360) \times 2\pi L}{\text{표시장치 이동거리}} = \frac{(45/60) \times (2 \times 3.14 \times 12)}{6} = 1.57$$

5 다음 물음에 답하시오.

> 신호가 나타났을 때 신호라고 판정: 신호의 정확한 판정(Hit)

(1) 잡음을 신호로 판정:

(2) 신호를 잡음으로 판정:

(3) 잡음을 잡음으로 판정:

신호검출이론(SDT)

(1) 잡음을 신호로 판정: 허위 경보(False Alarm)
(2) 신호를 잡음으로 판정: 신호검출 실패(Miss)
(3) 잡음을 잡음으로 판정: 잡음을 제대로 판정(Correct Noise)

6 어떤 작업의 평균에너지값이 6 kcal/min이라고 할 때 60분간 총 작업시간 내에 포함되어야 하는 휴식시간은 몇 분인지 쓰시오(단, 기초대사를 포함한 작업에 대한 평균 에너지값의 상한은 5 kcal/min이다).

풀이 **휴식시간의 산정**

(1) 휴식시간: $R = T\dfrac{(E-S)}{(E-1.5)}$

  여기서, T: 총 작업시간(분)
    E: 해당 작업의 에너지소비량(kcal/min)
    S: 권장 에너지소비량(kcal/min)

(2) 휴식시간 $= \dfrac{60(6-5)}{(6-1.5)} = 13.3$분

7 다음 물음에 답하시오.

(1) 유해요인조사 시 사업주가 보관해야 할 3가지 문서가 무엇인지 쓰시오.

(2) 각 항목의 보존기간에 대해서 쓰시오.
  가. 근로자 개인정보 자료

  나. 시설·설비에 대한 자료

풀이 **유해요인조사 시 문서의 기록과 보존**

유해요인조사 시 사업주가 보관해야 할 3가지 문서는 다음과 같다.
(1) 유해요인조사 결과(해당될 경우 근골격계질환 증상조사 결과 포함)

(2) 의학적 조치 및 그 결과
(3) 작업환경 개선계획 및 그 결과보고서

각 자료에 대한 보존기간은 다음과 같다.
(1) 근로자 개인정보 자료: 5년
(2) 시설·설비에 대한 자료: 시설·설비가 작업장 내에 존재하는 동안 보존

8 종이의 반사율이 80%, 글자의 반사율이 20%일 때 대비를 구하시오.

> (풀이) **대비(contrast)**
>
> 대비는 과녁의 광도(L_t)와 배경의 광도(L_b)의 차를 나타내는 척도이다. 단, 대비의 계산식에 광도 대신 반사율을 사용할 수 있다.
>
> $$대비(\%) = 100 \times \frac{L_b - L_t}{L_b} = 100 \times \frac{80 - 20}{80} = 75\%$$

9 다음 그림을 보고 물음에 답하시오.

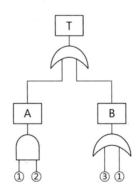

(1) 미니멀 컷셋(minimal cut set)을 구하시오.

(2) P(1) = 0.3, P(2) = 0.2, P(3) = 0.2일 때, T값을 구하시오.

> (풀이) **결함나무분석(Fault Tree Analysis; FTA)**
> (1) 미니멀 컷셋(minimal cut set)
>   가. 컷셋(cut set): 정상 사상을 일으키는 기본 사상의 집합

나. 미니멀 컷셋(minimal cut set): 컷셋 중에서 정상 사상을 일으키기 위하여 필요한 최소한의 컷셋(cut set)

$$T = \frac{A}{B} = \frac{1 \cdot 2}{B} = \frac{1 \cdot 2}{\begin{matrix} 3 \\ 1 \end{matrix}}$$

이 경우의 cut set은 (1 · 2), (3), (1) 이다.
따라서, 미니멀 컷셋(minimal cut set)은 (1), (3) 이다.

(2) P(A) = 0.3×0.2 = 0.06
P(B) = 1−(1−0.2)(1−0.3) = 0.44
P(T) = 1−(1−0.06)(1−0.44) = 0.47

10 다음 [보기]를 보고 열교환 방정식을 쓰시오.

보기

ΔS: 신체에 저장되는 열
M: 대사에 의한 열
C: 대류와 전도에 의한 열교환량
E: 증발에 의한 열손실
R: 복사에 의한 열교환량
W: 수행한 일

(풀이) **열교환방정식**

ΔS(열축적) = M(대사)−E(증발)±R(복사)±C(대류)−W(한 일)

11 다음은 THERP에 대한 문제이다. A(밸브를 연다)와 B(밸브를 천천히 잠근다)를 실시할 때 성공할 확률은 얼마인지 쓰시오.

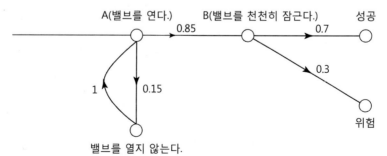

(풀이) THERP

(1) A(밸브를 연다)의 성공할 확률

밸브를 열기 전 "밸브를 열지 않는다"라는 선택 과정을 지나 밸브를 여는 행동을 수행할 수 있다. 하지만 밸브를 열지 않는다는 과정은 성공할 확률이 0.15, 1이므로 무한 반복가능하다. 그러므로, 무한등비수열의 합 공식을 사용하여 "밸브를 연다"라는 행동의 성공 확률을 계산할 수 있다.

무한등비수열을 사용한 A(밸브를 연다)가 성공할 확률은 아래와 같다.

$$\sum_{k=1}^{\infty} ar^{k-1} = a + ar + ar^2 + \cdots ar^{n-1} + \cdots = \frac{a}{1-r} (|r| < 1 일 때)$$

$$= 0.85 + 0.85(0.15) + 0.85(0.15)^2 + \cdots 0.85(0.15)^{k-1} + \cdots$$

$$= \frac{0.85}{1-0.15} = 1$$

(2) B(밸브를 천천히 잠근다)의 성공할 확률 = 0.7

따라서, P(A)×P(B) = 1×0.7 = 0.7

12 1개의 제품을 만들 때 기계에 물리는 데 2분, 기계 자동 가공시간이 3분 일 때, 2대의 기계로 작업하는 경우 작업주기시간과 생산량을 구하시오.

(1) 작업주기시간

(2) 1시간 동안 생산량

(풀이) 다중활동분석

2대의 기계로 작업하는 경우

a = 기계에 물리는 데 시간: 2분

b = 독립적인 작업자 활동시간: 0분

t = 기계 자동 가공시간: 3분

$n' = \dfrac{a+t}{a+b} = \dfrac{5}{2} = 2.5$ 이므로, n = 2대 일 때의 작업주기시간을 구하면,

(1) 작업주기시간 = a+t = 2+3 = 5분

(2) 1시간 동안 생산량 = $\dfrac{2}{(a+t)} \times 60 = \dfrac{2}{(2+3)} \times 60 = 24$개

13 다음 물음에 답하시오.

(1) 표에 나와 있는 인간-기계 시스템의 설계과정을 보고 알맞은 순서로 나열하시오.

① 시스템 정의	② 기본설계	③ 인터페이스 설계
④ 목표 및 성능명세 결정	⑤ 촉진물 설계	⑥ 평가

(2) 인간-기계 시스템 중 자동화 시스템에서의 인간의 기능을 2가지 적으시오.

풀이 인간-기계 시스템의 설계

(1) ④ 목표 및 성능명세 결정 → ① 시스템 정의 → ② 기본설계 → ③ 인터페이스 설계 → ⑤ 촉진물 설계 → ⑥ 평가

(2) 감시, 정비유지, 프로그래밍

14 작업자가 정면을 바라본 상태에서 물체를 100° 어긋난 위치로 옮기는 과정이다. 다음을 문제를 보고 ①~⑦을 구하시오.

구분	시점	종점
발목부터 물체를 잡은 손까지의 수평거리	60	70.5
바닥부터 손까지의 수직거리	65	100

보기

$HM = \dfrac{25}{H}$ [= 1(H ≤ 25 cm), = 0(H ≥ 63 cm)]

$VM = 1-(0.003 \times |V-75|)$ [= 0(V > 175 cm)]

$DM = 0.82+\dfrac{4.5}{D}$ [= 1(D ≤ 25 cm), = 0(H ≥ 175 cm)]

$AM = 1-(0.0032 \times A)$ [= 0(A > 135°)]

(1) HM_{start}:

(2) HM_{end}:

(3) VM_{start}:

(4) VM_{end}:

(5) DM: (6) AM_{start}:

(7) AM_{end}:

(풀이) **NLE(NIOSH Lifting Equation)**

(1) HM_{start}: $\dfrac{25}{60} = 0.42$

(2) HM_{end}: HM의 Maximum은 63 cm이고, Minimum은 25 cm이므로 H가 70.5 cm이면, HM_{end}는 0이다.

(3) VM_{start}: $1-(0.003 \times |65-75|) = 0.97$

(4) VM_{end}: $1-(0.003 \times |100-75|) = 0.93$

(5) DM: $0.82 + \dfrac{4.5}{35} = 0.95$

(6) AM_{start}: $1-(0.0032 \times 0) = 1$

(7) AM_{end}: $1-(0.0032 \times 100) = 0.68$

15 관측평균시간이 10분, 레이팅계수가 120%일 때 정미시간을 구하시오.

(풀이) **정미시간**

$$정미시간 = 관측시간의\ 평균값 \times \frac{레이팅\ 계수}{100} = 10분 \times \frac{120}{100} = 12분$$

16 아래 표의 입력정보량과 전달정보량을 구하시오.

구분	통과	정지	합계
빨강	3	2	5
파랑	5	0	5
합계	8	2	10

(풀이) **정보량**

입력정보량과 전달정보량을 구하는 과정은 다음과 같다.

(1) 입력정보량 $= H(X)$

가. $H(X) = 0.5\log_2 \dfrac{1}{0.5} + 0.5\log_2 \dfrac{1}{0.5} = 1$ bit

(2) 전달정보량 $= T(X, Y) = H(X) + H(Y) - H(X, Y)$

　가. $H(X) = 0.5\log_2 \dfrac{1}{0.5} + 0.5\log_2 \dfrac{1}{0.5} = 1$ bit

　나. $H(Y) = 0.8\log_2 \dfrac{1}{0.8} + 0.2\log_2 \dfrac{1}{0.2} = 0.72$ bit

　다. $H(X, Y) = 0.3\log_2 \dfrac{1}{0.3} + 0.2\log_2 \dfrac{1}{0.2} + 0.5\log_2 \dfrac{1}{0.5} = 1.49$ bit

　따라서, 전달정보량은 1+0.72-1.49 = 0.23 bit이다.

17 남녀 공용 작업자를 위한 서서 하는 작업 설계 시, 정상작업영역과 최대작업영역을 표를 보고 구하시오.

구분	성별	평균	표준편차	최대	최소
아래팔 길이	남	28.1	0.6	28.7	27.5
	여	23.2	0.3	23.5	22.8
아래팔 길이 ~손끝	남	39.2	1.0	40.2	38.1
	여	35.5	0.8	36.3	34.7
팔 길이	남	58.8	1.4	60.2	57.3
	여	52.4	1.3	53.7	51.1
팔 길이 ~손끝	남	72.5	2.8	75.3	69.7
	여	61.7	1.4	63.1	60.2

풀이 **작업공간**

(1) 정상작업영역: 상완을 자연스럽게 수직으로 늘어뜨린 채, 전완만으로 편하게 뻗어 파악할 수 있는 구역이다. 따라서, 정상작업영역(아래팔 길이~손끝)은 남녀 공용 사용이기 때문에 여성의 최소치인 34.7 cm이다.

(2) 최대작업영역: 전완과 상완을 곧게 펴서 파악할 수 있는 구역이다. 따라서, 최대작업영역(팔 길이~손끝)은 남녀 공용 사용이기 때문에 여성의 최소치인 60.2 cm이다.

18 시간 연구에 의해 구해진 평균 관측시간이 0.8분일 때, 정미시간을 구하시오(단, 작업속도 평가는 Westinghouse 시스템법으로 한다).

숙련도: -0.225	노력도: $+0.05$
작업조건: $+0.05$	작업일관성: $+0.03$

풀이 웨스팅하우스(Westinghouse) 시스템

Westinghouse 시스템 평가 계수의 합 = $(-0.225)+0.05+0.05+0.03 = -0.095$
정미시간(NT) = 평균 관측시간×(1+평가 계수들의 합) = $0.8×(1-0.095) = 0.724$분

인간공학기사 실기시험 문제풀이 18회[151]

1 PL법에서 손해배상책임을 지는 자가 책임을 면하기 위해 입증하여야 하는 사실 3가지를 쓰시오.

> (풀이) **제조물책임이 면책되는 경우**
>
> PL법에서 손해배상책임을 지는 자가 책임을 면하기 위해 입증하여야 하는 사실은 다음과 같다.
> (1) 제조업자가 당해 제조물을 공급하지 아니한 사실
> (2) 제조업자가 당해 제조물을 공급한 때의 과학·기술수준으로는 결함의 존재를 발견할 수 없었다는 사실
> (3) 제조물의 결함이 제조업자가 당해 제조물을 공급할 당시의 법령이 정하는 기준을 준수함으로써 발생한 사실
> (4) 원재료 또는 부품의 경우에는 당해 원재료 또는 부품을 사용한 제조물 제조업자의 설계 또는 제작에 관한 지시로 인하여 결함이 발생하였다는 사실

2 행동유도성에 대하여 설명하시오.

> (풀이) **행동유도성**
>
> (1) 사물에 물리적, 의미적인 특성을 부여하여 사용자의 행동에 관한 단서를 제공하는 것을 행동유도성(affordance)이라 한다. 제품에 사용상 제약을 주어 사용 방법을 유인하는 것도 바로 행동유도성에 관련되는 것이다.
> (2) 좋은 행동유도성을 가진 디자인은 그림이나 설명이 필요 없이 사용자가 단지 보기만 하여도 무엇을 해야 할지 알 수 있도록 설계되어 있는 것이다. 이러한 행동유도성은 행동에 제약을 가하도록 사물을 설계함으로써 특정한 행동만이 가능하도록 유도하는 데서 온다.

3 닐슨(Nielsen)의 사용성 정의 5가지를 기술하시오.

> (풀이) **닐슨(Nielsen)의 사용성 정의**
>
> 닐슨(Nielsen)의 사용성 정의 5가지는 다음과 같다.
> (1) 학습용이성(Learnability): 초보자가 제품의 사용법을 얼마나 배우기 쉬운가를 나타낸다.
> (2) 효율성(Efficiency): 숙련된 사용자가 원하는 일을 얼마나 빨리 수행할 수 있는가를 나타낸다.
> (3) 기억용이성(Memorability): 오랜만에 다시 사용하는 재사용자들이 사용방법을 얼마나 기억하기 쉬운가를 나타낸다.
> (4) 에러빈도 및 정도(Error Frequency and Severity): 사용자가 에러를 얼마나 자주 하는가와 에러의 정도가 큰지 작은지 여부, 그리고 에러를 쉽게 만회할 수 있는지를 나타낸다.
> (5) 주관적 만족도(Subjective Satisfaction): 제품에 대해 사용자들이 얼마나 만족하게 느끼고 있는가를 나타낸다.

4 어떤 작업을 측정한 결과 하루 작업시간이 8시간이며, 관측평균시간이 1.4분, 레이팅 계수가 105%, PDF 여유율이 20%(외경법)일 때, 다음을 계산하시오.

(1) 정미시간

(2) 표준시간

(3) 총 정미시간

(4) 총 여유시간

> (풀이) **표준시간의 계산**
>
> (1) 정미시간: 관측시간의 대푯값 $\times \dfrac{\text{레이팅계수}}{100} = 1.4 \times \dfrac{105}{100} = 1.47$분
> (2) 표준시간: 정미시간 $\times (1+$여유율$) = 1.47 \times (1+0.2) = 1.76$분
> (3) 총 정미시간: $480 \times (1.47/1.76) = 400.9$분
> (4) 총 여유시간: $480 - 400.9 = 79.1$분

5 거리가 71 cm일 때 단위 눈금 1.8 mm, 시거리가 91 cm가 되면 단위 눈금은 얼마가 되어야 하는지 구하시오.

풀이 **정량적 눈금의 길이**

71 cm: 1.8 mm = 91 cm: x

$x = \dfrac{1.8 \times 910}{710} = 2.31$ mm

6 조도를 구하는 공식을 쓰시오.

풀이 **조도(illuminance)**

조도는 어떤 물체나 표면에 도달하는 광의 밀도를 말하며, 거리가 증가할 때 조도는 다음 식에서처럼 거리의 제곱에 반비례한다. 이는 점광원에 대해서만 적용된다.

$$조도 = \dfrac{광량}{거리^2}$$

7 작업관리 문제해결 절차 중 다음의 대안도출 방법은 무엇인지 쓰시오.

(1) 구성원 각자가 검토할 문제에 대하여 메모지를 작성

(2) 각자가 작성한 메모지를 오른쪽으로 전달

(3) 메모지를 받은 사람은 내용을 읽은 후 해법을 생각하여 서술하고 다시 오른쪽으로 전달

(4) 자신의 메모지가 돌아올 때가지 반복

풀이 **마인드멜딩(mindmelding)**

마인드멜딩(mindmelding)

8 사업장에서 산업안전보건법에 의해 근골격계질환 예방·관리 프로그램을 시행해야하는 2가지 경우에 대해 쓰시오.

풀이 **근골격계질환 예방·관리 프로그램 시행**

근골격계질환 예방·관리 프로그램을 시행해야하는 경우는 다음과 같다.

(1) 근골격계질환으로 업무상 질병을 인정받은 근로자가 연간 10명 이상 발생한 사업장 또는 5명 이상 발생한 사업장으로서 발생비율이 그 사업장 근로자 수의 10퍼센트 이상인 경우

(2) 근골격계질환 예방과 관련하여 노사 간 이견(異見)이 지속되는 사업장으로서 고용노동부 장관이 필요하다고 인정하여 근골격계질환 예방관리 프로그램을 수립하여 시행할 것을 명령한 경우

9 Decision Tree에서 A, B, C, D의 값을 구하고 A, B, C, D의 곱을 구하시오. (단, 소수 셋째 자리까지 구하시오)

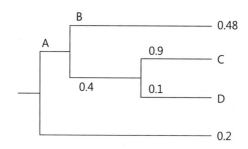

(풀이) Decision Tree

(1) P(A) = 1−0.2 = 0.8
(2) P(B) = 1−0.4 = 0.6
(3) P(C) = 0.8×0.4×0.9 = 0.288
(4) P(D) = 0.8×0.4×0.1 = 0.032
(5) P(A)×P(B)×P(C)×P(D) = 0.8×0.6×0.288×0.032 = 0.004

10 다음 아래의 표는 100개의 제품 불량 검사 과정에 나타난 결과이다. 정상 제품을 정상 판정 내리는 것을 Hit 라고 할 때, 각각의 확률을 구하시오.

구분	불량 제품	정상 제품
불량 판정	2	5
정상 판정	3	90

(1) P(S/S)

(2) P(S/N)

(3) P(N/S)

(4) P(N/N)

신호검출이론(SDT)

(1) Hit[P(S/S)]: 정상을 정상으로 판정 = 90/95 = 0.95
(2) False Alarm[P(S/N)]: 불량을 정상으로 판정 = 3/5 = 0.6
(3) Miss[P(N/S)]: 정상을 불량으로 판정 = 5/95 = 0.05
(4) Correct Noise[P(N/N)]: 불량을 불량으로 판정 = 2/5 = 0.4

11 사용자 인터페이스 평가요소 3가지를 쓰시오.

(풀이) **사용자 인터페이스 평가요소**

사용자 인터페이스 평가요소는 다음과 같다.
(1) 배우는 데 걸리는 시간: 사용자가 작업수행에 적합한 명령어나 기능을 배우기 위한 시간이 얼마나 필요한가?
(2) 작업실행속도: 벤치마크 작업을 수행하는 데 시간이 얼마나 걸리는가?
(3) 사용자에러율: 벤치마크 작업을 수행하는 데 사용자는 얼마나 많은, 그리고 어떤 종류의 에러를 범하는가?
(4) 기억력: 사용자는 한 번 이용한 시스템의 이용법을 얼마나 오랫동안 기억할 것인가? 기억력은 배우는 데 걸린 시간, 이용 빈도 등과 관련이 있다.
(5) 사용자의 주관적인 만족도: 시스템의 다양한 기능들을 이용하는 것에 대한 사용자의 선호도는 얼마나 되는가? 인터뷰나 설문조사 등을 통하여 얻어질 수 있다.

12 현재 표시장치의 C/R비가 5일 때, 좀 더 둔감해지더라도 정확한 조종을 하고자 한다. 다음의 두 가지 대안을 보고 문제를 푸시오.

대안	손잡이 길이	각도	표시장치 이동거리
A	12 cm	30°	1 cm
B	10 cm	20°	0.8 cm

(1) A와 B의 C/R비를 구하시오.

(2) 좀 더 둔감해지더라도 정확한 조종을 하기 위한 A와 B 중 더 나은 대안을 결정하고, 그 이유를 설명하시오.

풀이 조종-반응비율(Control-Response Ratio)

(1) C/R비 $= \dfrac{(a/360) \times 2\pi L}{표시장치\ 이동거리}$

　가. A의 C/R비 $= \dfrac{(30/360) \times 2 \times 3.14 \times 12}{1} = 6.28$

　나. B의 C/R비 $= \dfrac{(20/360) \times 2 \times 3.14 \times 10}{0.8} = 4.36$

(2) 대안 및 이유

　가. 정확한 조종에 적합한 대안: A 대안

　나. 이유: A의 C/R비와 B의 C/R비를 비교하였을 때, 현재의 C/R비 5보다 A의 C/R비 6.28이 더 크므로 민감도가 낮아 정확한 조종을 하기에 적합하다.

---

13 다음은 양립성에 대한 예이다. 각각 어떠한 양립성에 해당하는지 기술하시오.

(1) 레버를 올리면 압력이 올라가고, 아래로 내리면 압력이 내려간다.

(2) 오른쪽 스위치를 켜면 오른쪽 전등이 켜지고, 왼쪽 스위치를 켜면 왼쪽 전등이 켜진다.

(3) 검은색 통은 간장, 하얀색 통은 식초

풀이 양립성(compatibility)

(1) 운동양립성(Movement Compatibility): 조종기를 조작하여 표시장치상의 정보가 움직일 때 반응결과가 인간의 기대와 양립

(2) 공간양립성(Spatial Compatibility): 공간적 구성이 인간의 기대와 양립

(3) 개념양립성(Concept Compatibility): 코드나 심벌의 의미가 인간이 갖고 있는 개념과 양립

---

14 근골격계 부담작업 유해요인조사에서 개선 우선순위 결정 시 유해도가 높은 작업 또는 특정 근로자에 대해 설명하시오.

풀이 유해도가 높은 작업 또는 특정근로자

유해도가 높은 작업은 유해요인기본조사 총점수가 높거나 근골격계질환 증상호소율이 다른 부서에 비해 높은 경우이다.

15 OWAS(Ovako Working-posture Analysing System)의 평가항목 중 신체 부위 3가지를 쓰시오.

(풀이) **OWAS의 평가항목**

허리, 팔, 다리

16 최소변화감지역에 대해 설명하시오.

(풀이) **최소변화감지역**

두 자극 사이의 차이를 식별할 수 있는 최소 강도의 차이이다.

예) 웨버의 비가 0.02라면 100 g을 기준으로 무게의 변화를 느끼려면 2 g 정도면 되지만, 10 kg의 무게를 기준으로 한 경우에는 200 g이 되어야 무게의 차이를 감지할 수 있다.

17 NIOSH 그래프에 알맞은 내용을 넣으시오.

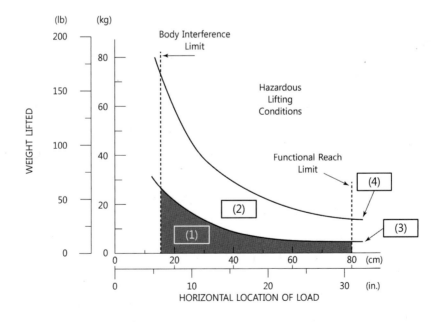

(풀이) **NIOSH 그래프**

(1) 수용가능(Acceptable Lifting Conditions)

(2) 관리개선(Administrative Controls Required)

(3) 조치한계기준(Action Limit)

(4) 최대허용한계기준(Maximum Permissible Limit)

18 남성 근로자의 8시간 조립작업에서 대사량을 측정한 결과 산소소비량이 1.1 L/min로 측정되었다(남성 권장 에너지소비량: 5 kcal/min).

(1) 남성 근로자의 휴식시간을 계산하시오.

(2) 휴식시간이 120분이 되려면 산소소비량은 몇 L 이하여야 하는지 계산하시오.

(풀이) **휴식시간의 산정**

(1) 가. 휴식시간: $R = T\dfrac{(E-S)}{(E-1.5)}$

　　　여기서, T: 총 작업시간(분)

　　　　　　　E: 해당 작업의 에너지소비량(kcal/min)

　　　　　　　S: 권장 에너지소비량(kcal/min)

　　나. 해당 작업의 에너지소비량 = 분당 산소소비량×권장 에너지소비량

　　　　　　　　　　　　　　　 = 1.1 L/min×5 kcal/min = 5.5 kcal/min

　　따라서, 휴식시간 $R = \dfrac{480 \times (5.5 - 5)}{5.5 - 1.5} = 60$분이다.

(2) 산소소비량

　　120분 $= 480 \times \dfrac{(5x - 5)}{(5x - 1.5)}$

　　따라서, 산소소비량 x는 1.23 L 이하여야 한다.

인간공학기사 실기시험 문제풀이 19회[143]

1 자동차로부터 1 m 떨어진 곳에서의 음압수준이 100 dB이라면, 100 m에서의 음압은 몇 dB인지 쓰시오.

> **풀이** 거리에 따른 음의 강도 변화

$dB_2 = dB_1 - 20\log(d_2/d_1)$
$\quad\ = 100 - 20\log(100/_1)$
$\quad\ = 60\ dB$

2 PL법에서 손해배상책임을 지는 자가 책임을 면하기 위해 입증하여야 하는 사실 2가지를 쓰시오.

> **풀이** 제조물책임이 면책되는 경우

PL법에서 손해배상책임을 지는 자가 책임을 면하기 위해 입증하여야 하는 사실은 다음과 같다.
(1) 제조업자가 당해 제조물을 공급하지 아니한 사실
(2) 제조업자가 당해 제조물을 공급한 때의 과학, 기술 수준으로는 결함의 존재를 발견할 수 없었다는 사실
(3) 제조물의 결함이 제조업자가 당해 제조물을 공급할 당시의 법령이 정하는 기준을 준수함으로써 발생한 사실
(4) 원재료 또는 부품의 경우에는 당해 원재료 또는 부품을 사용한 제조물 제조업자의 설계 또는 제작에 관한 지시로 결함이 발생하였다는 사실

3 조종장치의 손잡이 길이가 10 cm이고 30도 움직였을 때 표시장치에서 1 cm가 이동하였다. C/R비는 얼마인지 쓰시오.

> **풀이** **조종-반응비율(Control-Response Ratio)**
>
> $$C/R비 = \frac{(a/360) \times 2\pi L}{표시장치 \ 이동거리}$$
>
> 여기서, a: 조종장치가 움직인 각도
> L: 반지름(조종장치의 길이)
>
> $$C/R비 = \frac{(30/360) \times (2 \times 3.14 \times 10)}{1} = 5.23$$

4 근골격계질환 예방·관리 프로그램의 일반적 구성요소 중 5가지를 쓰시오.

> **풀이** **근골격계질환 예방·관리 프로그램의 구성요소**
>
> 근골격계질환 예방·관리 프로그램의 구성요소는 다음과 같다.
> (1) 유해요인조사
> (2) 교육 및 훈련 실시
> (3) 유해요인 관리
> (4) 의학적 관리
> (5) 작업환경 개선활동

5 90퍼센타일을 설명하시오.

> **풀이** **퍼센타일**
>
> 통상 대상 집단에 대한 관련 인체측정 변수의 백분위를 기준으로 하위 90% 범위 내에 포함되는 사람

6 어느 부품을 조립하는 컨베이어 라인의 5개 요소작업에 대한 작업시간이 다음과 같다.

요소작업	1	2	3	4	5
작업시간(초)	20	12	14	13	12

(1) 이 라인의 주기시간은 얼마인지 쓰시오.

(2) 시간당 생산량은 얼마인지 쓰시오.

(3) 공정효율은 얼마인지 쓰시오.

(풀이) **라인밸런싱**

(1) 요소작업 1이 애로공정(주기시간이 가장 큰 공정)이며, 주기시간은 20초이다.

(2) 시간당 생산량 $= \dfrac{3600\text{초}}{20\text{초}} = 180$개

(3) 공정효율(%) $= \dfrac{\text{총 작업시간}}{\text{총 작업자수} \times \text{주기시간}} \times 100 = \dfrac{71\text{초}}{5\text{명} \times 20\text{초}} \times 100 = 71\%$

7 작업개선의 ECRS 원칙 중 3가지를 쓰시오.

(풀이) **작업개선의 ECRS 원칙**

작업개선의 ECRS 원칙은 다음과 같다.
(1) Eliminate(제거): 불필요한 작업·작업요소를 제거
(2) Combine(결합): 다른 작업·작업요소와의 결합
(3) Rearrange(재배치): 작업의 순서의 변경
(4) Simplify(단순화): 작업·작업요소의 단순화, 간소화

8 Jacob Nielsen이 말한 사용편의성(Usability)의 5가지 속성에 대하여 설명하시오.

(풀이) **닐슨(Nielsen)의 사용성 정의**

제이콥 닐슨(J. Nielsen)의 사용성 속성(척도)은 다음과 같다.
(1) 학습용이성(Learnability): 초보자가 제품의 사용법을 얼마나 배우기 쉬운가를 나타낸다.
(2) 효율성(Efficiency): 숙련된 사용자가 원하는 일을 얼마나 빨리 수행할 수 있는가를 나타낸다.
(3) 기억용이성(Memorability): 오랜만에 다시 사용하는 재사용자들이 사용방법을 얼마나 기억하기 쉬운가를 나타낸다.
(4) 에러 빈도 및 정도(Error Frequency and Severity): 사용자가 에러를 얼마나 자주 하는가와 에러의 정도가 큰지 작은지 여부, 그리고 에러를 쉽게 만회할 수 있는지를 나타낸다.
(5) 주관적 만족도(Subjective Satisfaction): 제품에 대해 사용자들이 얼마나 만족하게 느끼고 있는가를 나타낸다.

9 다음 FT도에서 T의 고장발생확률을 구하시오.

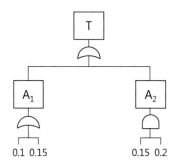

> (풀이) **결함나무분석(Fault Tree Analysis; FTA)**

(1) $A_1 = 1-\{(1-X_1)\times(1-X_2)\}$
  $P(A_1) = 1-(1-0.1)\times(1-0.15) = 0.24$

(2) $A_2 = X_3\times X_4$
  $P(A_2) = 0.15\times0.2 = 0.03$

(3) $T = 1-\{(1-A1)\times(1-A_2)\}$
  $P(T) = 1-(1-0.24)\times(1-0.03) = 0.26$

10 Westinghouse의 시스템 평가 계수 4가지를 쓰시오.

> (풀이) **웨스팅하우스(Westinghouse) 시스템**

웨스팅하우스(Westinghouse)의 시스템 평가 계수는 다음과 같다.
(1) 숙련도(Skill): 경험, 적성 등의 숙련된 정도
(2) 노력(Effort): 마음가짐
(3) 작업환경(Condition): 온도, 진동, 조도, 소음 등의 작업장 환경
(4) 일관성(Consistency): 작업시간의 일관성 정도

11 3 m 떨어진 곳에서 1 mm 벌어진 틈을 구분할 수 있는 사람의 시력은 얼마인지 쓰시오.

> (풀이) **시각**

(1) 인간의 시력을 측정하는 방법에는 여러 가지가 있으나 가장 보편적으로 사용되는 것은 최소가분시력(minimal separable acuity)으로, 이는 눈이 식별할 수 있는 표적의 최소공간을 말한다.

(2) 시각은 보는 물체에 의한 눈에서의 대각인데, 일반적으로 호의 분이나 초단위로 나타낸다. (1° = 60′ = 3600″). 시각이 10° 이하일 때는 다음 공식에 의해 계산된다.

$$시각(′) = \frac{(57.3)(60)H}{D} = \frac{(57.3)(60)(1)}{3000} = 1.146$$

H: 시각 자극(물체)의 크기(높이)

D: 눈과 물체 사이의 거리

* (57.3)(60): 시각이 600′ 이하일 때 라디안(radian) 단위를 분으로 환산하기 위한 상수

$$시력(최소가분시력) = \frac{1}{시각} = \frac{1}{1.146} ≒ 0.872$$

12 유해요인조사 시 사업주가 보관해야 하는 보존문서 3가지를 쓰시오.

(풀이) **유해요인조사 시 사업주가 보관해야 하는 보존문서**

유해요인조사 시 사업주가 보관해야 할 3가지 문서는 다음과 같다.

(1) 유해요인조사 결과(해당될 경우 근골격계질환 증상조사 결과 포함)

(2) 의학적 조치 및 그 결과

(3) 작업환경 개선계획 및 그 결과보고서

13 다음 각각에 대한 양립성은 어떤 것인지 쓰시오.

(1) 레버를 올리면 압력이 올라가고, 아래로 내리면 압력이 내려감

(2) 오른쪽 스위치를 켜면 오른쪽 전등이 켜지고, 왼쪽 스위치를 켜면 왼쪽 전등이 켜짐

(풀이) **양립성(compatibility)**

(1) 운동양립성(movement compatibility): 조종기를 조작하여 표시장치상의 정보가 움직일 때 반응결과가 인간의 기대와 양립

(2) 공간양립성(spatial compatibility): 공간적 구성이 인간의 기대와 양립

14 Swain의 휴먼에러의 심리적 분류 중 다음 두 가지는 어떤 에러인지 쓰시오.

(1) 전조등을 끄지 않고 내렸다.

(2) 주차위반 장소에 주차를 하여 주차딱지를 뗐다.

> **풀이** **휴먼에러의 심리적 분류**
> 인간의 독립행동에서의 휴먼에러는 다음과 같다.
> (1) 부작위 에러(Omission Error)
> (2) 작위 에러(Commission Error)

15 아래의 그림은 어느 조립공정의 요소작업을 PERT 차트로 나타낸 것이다. 주 공정경로와 주 공정시간을 구하시오.

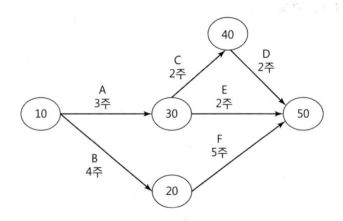

> **풀이** **PERT 차트**
> (1) 주 공정경로(가장 시간이 오래 걸리는 경로): 10 – 20 – 50
> (2) 주 공정시간(가장 긴 시간): 9주

16 전자회사에서 작업자가 정밀작업을 하고 있다. 손, 손목에 부담이 가는 근골격계질환을 3가지 쓰시오.

> **풀이** **손과 손목 부위의 근골격계질환**
>
> 손과 손목 부위의 근골격계질환은 다음과 같다.
> (1) 수근관증후군(Carpal Tunnel Syndrome)
> (2) 건염(Tendintis)
> (3) 결절종(Ganglion)

17 최대 산소소비량에 대하여 설명하시오.

> **풀이** **최대 산소소비량**
>
> 작업의 속도가 증가하면 산소소비량이 선형적으로 증가하여 일정한 수준에 이르게 되고, 작업의 속도가 증가하더라도 산소소비량은 더 이상 증가하지 않고 일정하게 되는 수준에서의 산소 소모량이다.

18 배경의 광도(L_b)가 80, 과녁의 광도(L_t)가 10일 때, 대비를 구하시오.

> **풀이** **대비(contrast)**
>
> $$\text{대비}(\%) = 100 \times \frac{L_b - L_t}{L_b}$$
> $$= 100 \times \frac{80 - 10}{80}$$
> $$= 87.5\%$$

인간공학기사 실기시험 문제풀이 20회[141]

1 동전을 3번 던졌을 때 뒷면이 2번 나오는 경우, 정보량은 얼마인지 계산하시오.

$\boxed{\text{풀이}}$ **정보량**

$$H = \frac{1}{8} \times \log_2\left(\frac{1}{\frac{1}{8}}\right) + \frac{1}{8} \times \log_2\left(\frac{1}{\frac{1}{8}}\right) + \frac{1}{8} \times \log_2\left(\frac{1}{\frac{1}{8}}\right) = 1.125 \text{ bit}$$

2 산업안전보건법상 유해요인조사를 실시하는 경우를 쓰시오.

$\boxed{\text{풀이}}$ **유해요인조사를 실시하는 경우**

(1) 사업주는 매 3년 이내에 정기적으로 유해요인조사를 실시한다.

(2) 사업주는 다음 각 호에서 정하는 경우에는 수시로 유해요인조사를 실시한다.

    가. 산업안전보건법에 의한 임시건강진단 등에서 근골격계질환자가 발생하였거나 산업재해보상보험법에 의한 근골격계질환자가 발생한 경우

    나. 근골격계 부담작업에 해당하는 새로운 작업, 설비를 도입한 경우

    다. 근골격계 부담작업에 해당하는 업무의 양과 작업공정 등 작업환경을 변경한 경우

3 근골격계질환의 원인 중 반복 동작에 대한 정의를 알맞게 채우시오.

> 작업의 주기시간(cycle time)이 (   )초 미만이거나, 하루 작업시간 동안 생산율이 (   )단위 이상, 또는 하루(   )회 이상의 유사 동작을 하는 경우

반복성의 기준

작업의 주기시간(cycle time)이 (30)초 미만이거나, 하루 작업시간 동안 생산율이 (500)단위 이상, 또는 하루(20,000)회 이상의 유사 동작을 하는 경우

4 다음을 설명하시오.

(1) 시공간 스케치북

(2) 음운고리

작업기억(working memory)

(1) 시공간 스케치북: 시공간 스케치북은 주차한 차의 위치, 편의점에서 집까지 오는 길과 같이 시각적, 공간적 정보를 잠시 동안 보관하는 것을 가능하게 해 준다. 사람들에게 자기 집 현관문을 떠올리라고 지시하고 문 손잡이가 어느 쪽에 위치하는지 물으면, 비록 자신이 생생한 이미지를 떠올리지 못한다고 말하는 사람들도 마음 속에 떠올린 자기 집 현관문의 손잡이가 문 왼쪽에 있는지 오른쪽에 있는지 '볼' 수 있다. 이러한 시각적 심상을 떠올리는 능력은 시공간 스케치북에 의존한다.

(2) 음운고리: 음운고리(phonological loop)는 짧은 시간 동안 제한된 수의 소리를 저장한다. 음운 고리는 제한된 정보를 짧은 시간 동안 청각 부호로 유지하는 음운 저장소와 음운 저장소에 있는 단어들을 소리 없이 반복할 수 있도록 하는 하위 발성 암송 과정이라는 하위 요소로 이루어져 있다. 음운 고리의 제한된 저장 공간은 발음 시간에 따른 국가 이름 암송의 차이에 대한 연구로 알 수 있다. 예를 들어 가봉, 가나 같은 국가의 이름은 빨리 발음할 수 있지만, 대조적으로 리히텐슈타인이나 미크로네시아 같은 국가의 이름은 정해진 시간 안에 제한된 수만을 발음할 수 있다. 따라서 이러한 긴 목록을 암송해야 하는 경우에 부득이 일부 국가 이름은 음운 루프에서 사라지게 된다.

5 노먼(Norman) 설계원칙을 쓰시오.

노먼(Norman)의 설계원칙

노먼(Norman)의 설계원칙은 다음과 같다.
(1) 가시성(visibility): 가시성은 제품의 중요한 부분은 눈에 띄어야 하고, 그런 부분의 의미를 바르게 전달할 수 있어야 한다는 것이다.
(2) 대응(mapping)의 원칙: 대응은 어떤 기능을 통제하는 조절장치와 그 기능을 담당하는 부분이 잘 연결되어 표현되는 것을 의미한다.
(3) 행동유도성(affordance): 물건들은 각각 모양이나 다른 특성에 의해 그것들을 어떻게 이용하는가에 대한 암시를 제공한다는 것이다.

(4) 피드백의 제공: 적절한 피드백은 사용자들의 작업수행에 있어 동기부여에 중요한 요소이며, 만약 시스템의 작업수행에 지연이 발생했을 때 사용자가 좌절이나 포기를 하지 않도록 하는 데 있어 피드백은 중요한 기능을 발휘한다.

6 촉각을 암호화코딩 할 때 사용되는 요소 3가지를 적으시오.

(풀이) 촉감 코딩

촉감을 코딩할 때 사용되는 요소는 다음과 같다.
(1) 매끄러운 면
(2) 세로 홈
(3) 깔쭉면 표면

7 디자인 작업 시, 문제 해결의 원칙을 알맞게 번호로 나열하시오.

(1) 선정안의 제시, (2) 문제의 형성, (3) 문제의 분석, (4) 대안의 평가, (5) 대안의 탐색

(풀이) 디자인 개념의 문제해결 방식

(2) → (3) → (5) → (4) → (1)

8 제이콥 닐슨의 사용성 정의 5가지를 서술하시오.

(풀이) 닐슨(Nielsen)의 사용성 정의

제이콥 닐슨(J. Nielsen)의 사용성 속성(척도)은 다음과 같다.
(1) 학습용이성(Learnability): 초보자가 제품의 사용법을 얼마나 배우기 쉬운가를 나타낸다.
(2) 효율성(Efficiency): 숙련된 사용자가 원하는 일을 얼마나 빨리 수행할 수 있는가를 나타낸다.
(3) 기억용이성(Memorability): 오랜만에 다시 사용하는 재사용자들이 사용방법을 얼마나 기억하기 쉬운가를 나타낸다.
(4) 에러 빈도 및 정도(Error Frequency and Severity): 사용자가 에러를 얼마나 자주 하는가와 에러의 정도가 큰지 작은지 여부, 그리고 에러를 쉽게 만회할 수 있는지를 나타낸다.
(5) 주관적 만족도(Subjective Satisfaction): 제품에 대해 사용자들이 얼마나 만족하게 느끼고 있는가를 나타낸다.

9 NIOSH에서 RWL과 관련하여 HM, VM, DM에 관해서 설명하시오. 반드시 각각의 계수가 '0'이 되는 조건을 포함하여 서술하시오.

(풀이) **NLE의 계수**

(1) HM(수평계수): 발의 위치에서 중량물을 들고 있는 손의 위치까지의 수평거리이다.

HM $= 25/H(25 \sim 63$ cm$)$
$= 1$ (H$\leq$25 cm)
$= 0$ (H$\geq$63 cm)

(2) VM(수직계수): 바닥에서 손까지의 거리(cm)로 들기 작업의 시작점과 종점의 두 군데서 측정한다.

VM $= 1-(0.003 \times |V-75|)$ $(0 \leq V \leq 175)$
$= 0$ (V$>$175 cm)

(3) DM(거리계수): 중량물을 들고 내리는 수직 방향의 이동거리의 절댓값이다.

DM $= 0.82+4.5/D$ $(25 \sim 175$ cm$)$
$= 1$ (D$\leq$25 cm)
$= 0$ (D$\geq$175 cm)

10 A와 B의 양품과 불량품을 선별하는 기대치를 구하고 보다 경제적인 대안을 고르시오.

> • 양품을 불량품으로 판별할 경우 발생 비용: 60만원
> • 불량품을 양품으로 판별할 경우 발생 비용: 10만원

	양품을 불량품으로 오류내지 않을 확률	불량품을 양품으로 오류내지 않을 확률
A	60%	95%
B	80%	80%

(풀이) **경제적 대안 찾기**

(1) A의 경우

가. 양품을 불량품으로 판별할 경우 발생비용: 60만원×0.4 = 24만원
나. 불량품을 양품으로 판별할 경우 발생비용: 10만원×0.05 = 5천원
다. A의 기대치 = 24만 5천원

(2) B의 경우

가. 양품을 불량품으로 판별할 경우 발생비용: 60만원×0.2 = 12만원
나. 불량품을 양품으로 판별할 경우 발생비용: 10만원×0.2 = 2만원
다. B의 기대치 = 14만원

따라서, A > B이므로, B의 경우가 더 경제적인 대안이다.

11 특정작업에 대한 60분의 작업 중 3분간의 산소소비량을 측정한 결과 57 L의 배기량에 산소가 14%, 이산화탄소가 7.4%로 분석되었다. 다음 중 산소소비량과 에너지소비량을 구하시오 (단, 공기 중 산소는 21vol%, 질소는 79vol%라고 한다).

(풀이) **산소소비량 및 에너지소비량**

(1) 분당흡기량 $= \dfrac{(100 - O_2\% - CO_2\%)}{N_2\%} \times$ 분당배기량

$= \dfrac{100 - 14\% - 7.4\%}{79\%} \times \dfrac{57}{3}$

$= 18.9$ L/min

(2) 산소소비량 $= (21\% \times$ 분당흡기량$) - (0\% \times$ 분당배기량$)$

$= (0.21 \times 18.9) - (0.14 \times 19)$

$= 1.31$ L/min

(3) 산소 1 L당 열량: 5 kcal/l

따라서, 분당 에너지소비량 $= 5$ kcal/$l \times 1.31$ L/min

$= 6.55$ kcal/min

12 VDT 작업설계 시 다음의 ( )에 알맞은 값을 넣으시오.

(1) 모니터화면과 눈의 거리는 최소 (   )cm 이상이 확보되도록 한다.

(2) 팔꿈치의 내각은 (   )° 이상이 되어야 한다.

(3) 무릎의 내각은 (   )° 전후가 되도록 한다.

(풀이) **VDT 작업의 작업자세**

(1) 모니터화면과 눈의 거리는 최소 40 cm 이상이 확보되도록 한다.

(2) 팔꿈치의 내각은 90° 이상이 되어야 한다.

(3) 무릎의 내각은 90° 전후가 되도록 한다.

13 다음의 빈칸에 알맞은 작업공정도 기호를 넣으시오.

작업내용	기호	작업내용	기호
1. 트럭으로 운반 도착		8. 접수 대장과 수량 확인	
2. 하역작업 대기		9. 접수 대장에 기록	
3. 운반		10. 분류 작업 실시	
4. 포장작업 대기		11. 저장 선반으로 운반을 위한 대기	
5. 포장작업 실시		12. 저장 선반으로 운반	
6. 접수장으로 운반을 위한 대기		13. 저장 선반에 저장	
7. 접수, 검사, 분류 작업대로 운반			

풀이 작업공정도

작업내용	기호	작업내용	기호
1. 트럭으로 운반 도착	⇨	8. 접수 대장과 수량 확인	□
2. 하역작업 대기	D	9. 접수 대장에 기록	○
3. 운반	⇨	10. 분류 작업 실시	○
4. 포장작업 대기	D	11. 저장 선반으로 운반을 위한 대기	D
5. 포장작업 실시	○	12. 저장 선반으로 운반	⇨
6. 접수장으로 운반을 위한 대기	D	13. 저장 선반에 저장	▽
7. 접수, 검사, 분류 작업대로 운반	⇨		

14 다음의 그림을 보고, 작업상의 문제점을 지적하고 개선방안을 제시하시오.

(개선 전)

유해요인의 공학적 개선

문제점	개선방안
수평면 작업에서 "ㄱ"자형 수공구를 사용함으로 써 작업자의 손목꺾임이 발생한다.	수평면 작업에 적당한 "1"자형 수공구를 사용하 여 손목의 부자연스러운 자세를 제거한다.

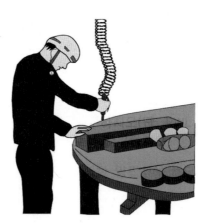

(개선 후)

15 다음의 각 질문에 답하시오.

(1) %ile 인체치수를 구하는 식을 쓰시오.

(2) A집단의 평균 신장은 170.2 cm, 표준편차가 5.20일 때 신장의 95%ile을 쓰시오 (단, 정규분포를 따르며, $Z_{0.95}$ = 1.645이다).

풀이 인체측정치의 응용

(1) %ile 인체치수 = 평균±(표준편차×%ile 계수)

(2) 95%ile 값 = 평균+(표준편차×1.645)
      = 170.2+(5.20×1.645)
      = 178.75
   따라서, 신장의 95%ile은 178.75(cm)이다.

16 근골격계질환 예방·관리 프로그램 흐름도를 그리시오.

풀이 **근골격계질환 예방·관리 프로그램의 추진 절차**

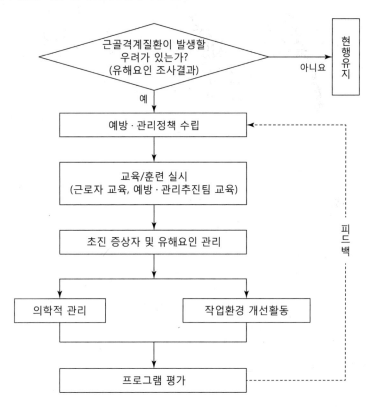

1 조종장치와 표시장치를 양립하여 설계하였을 때, 장점 5가지를 쓰시오.

> (풀이) **조종간의 운동관계**

표시장치와 조종장치를 양립하여 설계하였을 때의 장점은 다음과 같다.

(1) 조작 오류가 적다.
(2) 만족도가 높다.
(3) 학습이 빠르다.
(4) 위급 시 대처능력이 빠르다.
(5) 작업실행속도가 빠르다.

2 사용자 인터페이스 평가요소 5가지를 쓰시오.

> (풀이) **사용자 인터페이스 평가요소**

사용자 인터페이스 평가요소 5가지는 다음과 같다.

(1) 배우는 데 걸리는 시간
(2) 작업실행속도
(3) 사용자 에러율
(4) 기억력
(5) 사용자의 주관적 만족도

3 40 dB 1,000 Hz의 음과 80 dB 1,000 Hz음의 상대적인 주관적 크기를 비교하여 설명하시오.

> **풀이** Phon과 Sone

Sone: 다른 음의 상대적 주관적 크기를 나타내는 음량 척도
Phon: 1,000 Hz 순음의 음압 수준(dB)을 의미 (예: 20 dB의 1,000 Hz는 20 phon이 된다.)

$$Sone = 2^{\frac{(Phon값-40)}{10}}$$

(1) 1,000 Hz, 40 dB = $2^{\frac{(40-40)}{10}}$ = 1 Sone

(2) 1,000 Hz, 80 dB = $2^{\frac{(80-40)}{10}}$ = 16 Sone
   따라서, 상대적 크기는 16배이다.

4 부품배치의 원칙 4가지를 쓰시오.

> **풀이** 부품배치의 원칙

부품배치의 원칙 4가지는 다음과 같다.
(1) 중요성의 원칙: 부품을 작동하는 성능이 체계의 목표 달성에 긴요한 정도에 따라 우선순위를 설정한다.
(2) 사용빈도의 원칙: 부품을 사용하는 빈도에 따라 우선순위를 설정한다.
(3) 기능별 배치의 원칙: 기능적으로 관련된 부품들(표시장치, 조종장치 등)을 모아서 배치한다.
(4) 사용순서의 원칙: 사용 순서에 따라 장치들을 가까이에 배치한다.

5 근골격계 부담작업에 관한 유해요인조사 시 사용되는 방법 3가지를 쓰시오.

> **풀이** 유해요인조사의 방법

근로자와의 면담, 증상설문조사, 인간공학적 측면을 고려한 조사

6 프레스 작업자가 작업장에서 8시간 동안 95 dB의 소음에 노출되고 있으며, 조도수준 100 lux인 작업장에서 작업을 실시하고 있다. 다음 물음에 알맞게 답하시오.

(1) 위와 같은 정밀 작업 시 적절한 조도수준을 쓰시오.

(2) 위와 같은 소음조건에서 작업 시 소음에 허용 가능한 노출 시간은 몇 시간 인지 쓰시오.

(3) 위와 같은 작업시간에서 작업 시 소음은 몇 dB 이하로 해야 하는지 쓰시오.

(4) 프레스의 방호장치 3가지를 쓰시오.

풀이 조도, 소음, 방호장치

(1) 정밀 작업 시 300 lux 이상
- 적정 조명 수준

작업의 종류	작업면 조명도
초정밀 작업	750 lux 이상
정밀 작업	300 lux 이상
보통 작업	150 lux 이상
기타 작업	75 lux 이상

(2) 95 dB의 소음 조건에서 작업 시 허용기준은 4시간 미만
- 소음의 허용기준

1일 폭로시간	허용 음압 dB
8	90
4	95
2	100
1	105
1/2	110
1/4	115

(3) 8시간 소음에 노출 시 허용음압은 90 dB 이하

(4) 가드식, 수인식, 손쳐내기식, 양수조작식, 감응식

7 특정작업에 대한 60분의 작업 중 3분간의 산소소비량을 측정한 결과 57 L의 배기량에 산소가 14%, 이산화탄소가 6%로 분석되었다. 다음 물음에 답하시오(단, 공기 중 산소는 21vol%, 질소는 79vol%라고 한다).

(1) 분당 에너지소비량을 구하시오.

(2) 남자와 여자를 구분하여 휴식시간을 계산하시오.

풀이 **에너지소비량과 휴식시간**

(1) 분당 에너지소비량

　가. 분당흡기량: $\dfrac{(100 - O_2\% - CO_2\%)}{N_2\%} \times$ 분당배기량

　　　　　$= \dfrac{(100 - 14\% - 6\%)}{79\%} \times \dfrac{57}{3}$

　　　　　$=$ 19.24 L/min

　나. 산소소비량: (21%×분당흡기량) − (O_2%×분당배기량)

　　　　　　$= (19.24 \times 0.21) - (19 \times 0.14)$

　　　　　　$=$ 1.38 L/min

　다. 산소 1L당 열량: 5 kcal/L

　따라서, 분당 에너지소비량 = (5 kcal/L×1.38 L/min) = 6.9 kcal/min

(2) 휴식시간

　휴식시간 $R = T \times \dfrac{(E - S)}{(E - 1.5)}$

　　　여기서, T: 총 작업시간(분)

　　　　　　　E: 해당 작업의 에너지소비량(kcal/min)

　　　　　　　S: 권장 에너지소비량(kcal/min)

　남자: $R = 60 \times \dfrac{(6.9 - 5)}{(6.9 - 1.5)} = 21.1$분

　여자: $R = 60 \times \dfrac{(6.9 - 3.5)}{(6.9 - 1.5)} = 37.78$분

8 효율적 서블릭 기호 5가지를 쓰시오.

풀이 **서블릭 기호**

효율적 서블릭 기호는 다음과 같다.
G(쥐기), TL(운반), RL(내려놓기), A(조립), U(사용)

9 자동차 속도 계기판을 설계하고자 한다. 계기판이 150 km/hr일 경우 다음 물음에 답하시오 (단, 판독거리가 71 cm일 때, 권장눈금의 간격은 1.3 mm로 한다).

(1) 1 m 거리에서 눈금 간격은 얼마인지 쓰시오.

(2) 1 m 거리에서 문자의 직경은 얼마인지 쓰시오.

(풀이) **정량적 눈금의 길이**

(1) $71 : 1.3 = 100 : x$

$x = \dfrac{1.3 \times 100}{71} = 1.83$ mm

(2) 주어진 조건이 71 cm이므로, 원주 = 1.3 mm×150 = 195 mm
원주의 공식에 의해 195 = 지름×3.14
따라서, 지름은 62.1 mm이다.
1 m 거리에서의 문자의 직경
$71 : 62.1 = 100 : x$

$x = \dfrac{62.1 \times 100}{71} = 87.46$ mm

---

10 RULA 평가 시 해당되는 부위 4가지를 쓰시오.

(풀이) **RULA 평가 부위**

RULA의 평가 부위는 다음과 같다.
팔, 목, 몸통, 다리

---

11 ECRS의 원칙 4가지를 쓰시오.

(풀이) **작업개선의 ECRS 원칙**

작업개선의 ECRS 원칙은 다음과 같다.
(1) Eliminate(제거): 불필요한 작업·작업요소를 제거
(2) Combine(결합): 다른 작업·작업요소와의 결합
(3) Rearrange(재배치): 작업의 순서의 변경
(4) Simplify(단순화): 작업·작업요소의 단순화, 간소화

12 평균 눈높이가 160 cm이고 표준편차가 5.4일 때, 눈높이 5%ile 값을 구하시오(단, %ile 계수: 1% = 0.28, 5% = 1.65).

> **풀이** **인체측정 자료의 응용원칙**
>
> %ile 인체치수 = 평균±(표준편차×%ile 계수)
>
> 눈높이 5%ile 값 = 160−(5.4×1.65) = 151.09 cm

13 Swain의 인간오류 4가지를 쓰시오.

> **풀이** **휴먼에러의 심리적 분류**
>
> Swain의 인간오류는 다음과 같다.
>
> (1) 부작위 에러(omission error): 필요한 작업 또는 절차를 수행하지 않는 데 기인한 에러
>
> (2) 작위 에러(commission error): 필요한 작업 또는 절차의 불확실한 수행으로 인한 에러
>
> (3) 시간 에러(time error): 필요한 작업 또는 절차의 수행 지연으로 인한 에러
>
> (4) 순서 에러(sequence error): 필요한 작업 또는 절차의 순서 착오로 인한 에러
>
> (5) 불필요한 행동 에러(extraneous error): 불필요한 작업 또는 절차를 수행함으로써 기인한 에러

14 문제를 보고 괄호 안에 알맞은 말을 쓰시오.

> 허위신호란 (　　　)을(를) (　　　)로 판정하는 것을 말한다.

> **풀이** **신호검출이론(SDT)**
>
> 허위신호(False Alarm): 잡음을 신호로 판정하는 것

15 감성공학에 관한 문제로 다음 물음에 알맞게 쓰시오.

(1) 형용사를 이용하여 인간의 심상을 측정하는 방법은 무엇인지 쓰시오.

(2) 어떤 자료를 나타내는 특성치가 몇 개의 변수에 영향을 받을 때 이들 변수의 특성치에 대한 영향의 정도를 명확히 하는 자료 해석법은 무엇인지 쓰시오.

감성공학 I류

(1) 의미미분(Semantic Difference, SD)법
(2) 다변량 분석법

16 Fail-safe에 관하여 설명하시오.

풀이 **Fail-safe**

기계의 동작상 실패가 있어도 안전사고를 발생시키지 않도록 2중 또는 3중으로 통제를 가하는 것을 말한다. 페일(Fail)이란 이 경우에서 기계가 잘 작동하지 않는 것, 결국 고장으로 한정해서 사용한다.

17 다음은 ○○공장의 ○○공정 선행도와 작업 내용 및 소요시간을 나타낸 표이다. 아래의 물음에 답하시오.

공정	작업 내용	소요시간(분)
1	부품 A를 가공	2
2	가공된 부품 A를 검사	1
3	부품 B를 가공	2
4	부품 C를 가공	2
5	가공된 부품 A, B, C를 조립	2
6	조립 후 품질 확인	1
7	제품 포장	2

(1) 위의 공정에 대한 Gantt Chart를 그리고, 공정을 끝내기 위한 최소 소요시간을 구하시오.

(2) 위의 공정에 대한 작업공정도를 그리시오.

풀이 간트 차트(Gantt Chart)와 작업공정도

(1)

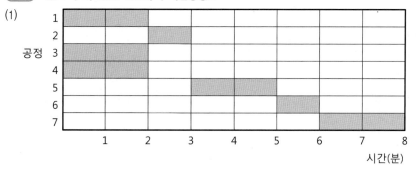

∴ 최소 소요시간 = 8분

(2)

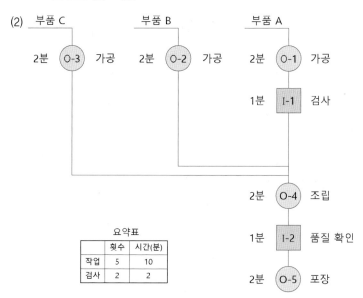

요약표

	횟수	시간(분)
작업	5	10
검사	2	2

인간공학기사 실기시험 문제풀이 22회[131]

1 남성의 90%ile로 설계 시 민원이 발생하여 여성 5%ile에서 남성 95%ile로 재설계 하고자 한다. 인체치수는 다음의 표와 같다. 남성과 여성의 평균치 및 조절범위를 구하시오.

	남성	여성
90%ile	420 mm	390 mm
표준편차	19 mm	20 mm
	$Z_{0.90} = 1.282$	$Z_{0.95} = 1.645$

(풀이) **인체측정 자료의 응용원칙**

(1) 남성의 평균치

90%ile = 평균치+(1.282×19) 이므로,

420 = x+(1.282×19)

x = 395.64

(2) 여성의 평균치

90%ile = 평균치+(1.282×20) 이므로,

390 = x+(1.282×20)

x = 364.36

(3) 조절범위

남성 95%ile = 395.64+(1.645×19) = 426.90

여성 95%ile = 364.36−(1.645×20) = 331.46

따라서, 331.46~426.90(mm)으로 재설계 한다.

2 작업자와 기계의 차트는 다음과 같을 때 유휴가 발생되지 않는 이론적인 기계의 대수를 구하시오(a: 작업자와 기계의 동시 작업시간 = 0.12분, b: 독립적인 작업자 활동시간 = 0.54분, t: 기계가동시간 = 1.6분).

> **풀이** **다중활동 분석(multi-activity analysis)**
> 이론적 기계대수 = (기계 1대의 작업시간)/(작업자의 작업시간)
> = (a+t)/(a+b) = (0.12+1.6)/(0.12+0.54)
> = 2.61(대)

3 수행도 평가에 대하여 설명하고, 수행도 평가방법 3가지를 쓰시오.

> **풀이** **수행도 평가**
> (1) 수행도 평가: 관측 대상작업 작업자와 작업 페이스를 정상작업 페이스 혹은 표준 페이스와 비교하여 보정해 주는 과정
>
> (2) 수행도 평가방법: 속도 평가법, Westinghouse System, 객관적 평가법, 합성 평가법

4 제조물 책임법에서 손해배상 면책사유 3가지를 쓰시오.

> **풀이** **제조물책임이 면책되는 경우**
> PL법에서 손해배상책임을 지는 자가 책임을 면하기 위해 입증하여야 하는 사실은 다음과 같다.
> (1) 제조업자가 당해 제조물을 공급하지 아니한 사실
> (2) 제조업자가 당해 제조물을 공급한 때의 과학, 기술수준으로는 결함의 존재를 발견할 수 없었다는 사실
> (3) 제조물의 결함이 제조업자가 당해 제조물을 공급할 당시의 법령이 정하는 기준을 준수함으로써 발생한 사실
> (4) 원재료 또는 부품의 경우에는 당해 원재료 또는 부품을 사용한 제조물 제조업자의 설계 또는 제작에 관한 지시로 인하여 결함이 발생하였다는 사실

5 작업공간과 관련한 용어 중 파악한계, 정상작업영역, 최대작업영역을 설명하시오.

> **풀이** **작업공간**
> (1) 파악한계: 앉은 작업자가 특정한 수작업 기능을 편히 수행할 수 있는 공간의 외곽한계이다.
> (2) 정상작업영역: 상완을 자연스럽게 수직으로 늘어뜨린 채, 전완만으로 편하게 뻗어 파악할 수 있는 구역

(34~45 cm)이다.
(3) 최대작업영역: 전완과 상완을 곧게 펴서 파악할 수 있는 구역(55~65 cm)이다.

6 소음관리 대책을 5가지 이상 서술하시오.

풀이 **소음관리 대책**

소음관리 대책은 다음과 같다.
(1) 소음원의 통제: 기계의 적절한 설계, 적절한 정비 및 주유, 기계에 고무 받침대 부착, 차량에는 소음기를 사용
(2) 소음의 격리: 덮개, 방, 장벽을 사용(집의 창문을 닫으면 약 10 dB 감음된다.)
(3) 차폐장치 및 흡음재료 사용
(4) 음향 처리제 사용
(5) 적절한 배치
(6) 방음 보호구 사용: 귀마개와 귀덮개
(7) BGM(Back Ground Music): 배경음악(60±3 dB)

7 근골격계질환 예방·관리 프로그램 진행순서의 흐름도상 주요사항 5가지를 쓰시오.

풀이 **근골격계질환 예방·관리 프로그램**

근골격계질환 예방·관리 프로그램 진행순서는 다음과 같다.
(1) 근골격계질환 예방·관리 정책 수립
(2) 교육/훈련 실시
(3) 초기 증상자 및 유해요인 관리
(4) 의학적 관리와 작업환경 개선활동
(5) 근골격계질환 예방·관리 프로그램 평가

8 감성공학에서 인간이 어떤 제품에 대해 가지는 이미지를 물리적 설계요소로 번역해 주는 방법을 쓰시오.

풀이 **감성공학**

(1) 감성공학 Ⅰ류
SD법(SD; Semantic Difference)으로 심상을 조사하고, 그 자료를 분석해 심상을 구성하는 설계요소를 찾아내는 방법이다. 주택, 승용차, 유행 의상 등 사용자의 감성에 의해 제품이 선택될 기회가 많은 대상에 대하여 어떠한 감성이 어떠한 설계요소로 번역되는지에 관한 자료기반(Data Base)을 가지며, 그로부터 의도적으로 제품개발을 추진하는 방법이다.

(2) 감성공학 Ⅱ류

감성어휘로 표현했을지라도 성별이나 연령차에 따라 품고 있는 이미지에는 다소의 차이가 있게 된다. 특히, 생활양식이 다르면 표출하고 있는 이미지에 커다란 차이가 존재한다. 연령, 성별, 연간 수입 등의 인구 통계적 (Demographic) 특성 이외에 생활양식 등을 포함하여 이러한 관련성으로부터 그 사람의 이미지를 구체적으로 결정하는 방법을 감성공학 Ⅱ류라고 한다.

(3) 감성공학 Ⅲ류

감성어휘 대신에 평가원(Panel)이 특정한 시제품을 사용하여 자기의 감각 척도로 감성을 표출하고, 이에 대하여 번역 체계를 완성하거나 혹은 제품개발을 수행하는 방법을 감성공학 Ⅲ류라고 한다.

---

9 Phon과 Sone을 정의하고, 80 dB, 1,000 Hz의 Phon과 Sone 값은 얼마인지 쓰시오.

(풀이) **Phon과 Sone**

(1) Phon: 어떤 음의 음량수준을 나타내는 Phon값은 이 음과 같은 크기로 들리는 1,000 Hz 순음의 음압수준 (dB)을 의미한다.

(2) Sone: 다른 음의 상대적인 주관적 크기를 평가하기 위한 음량 척도로 40 dB의 1,000 Hz 순음의 크기(40 Phon)를 1 Sone이라 한다.

(3) 80 dB 1,000 Hz의 Phon값: 어떤 음의 음량 수준을 나타내는 Phon값은 이 음과 같은 크기로 들리는 1,000 Hz 순음의 음압 수준(dB)을 의미한다. 따라서, 80 dB의 1,000 Hz는 80 Phon이 된다.

(4) 80 dB 1,000 Hz의 Sone값: $2^{(phon값-40)/10} = 2^{(80-40)/10} = 16$ Sone

---

10 5 m 거리에서 볼 수 있는 아날로그 시계 분침의 최소간격은 얼마인지 쓰시오.

(풀이) **정량적 눈금의 길이**

정량적 표시장치 눈금 설계 시 정상시거리라고 칭하는 것은 0.71 m(71 cm)를 말하는데, 이러한 정상조건에서 눈금간의 최소간격을 1.3 mm로 권장하고 있다.
따라서, 주어진 거리(5 m)를 비례식에 적용하면,

$0.71 : 1.3 = 5 : x$

$x = \dfrac{1.3 \times 5}{0.71}$

$x = 9.15 \text{(mm)}$

11 A, B 그림을 비교하여 표의 빈칸을 알맞게 채우시오.

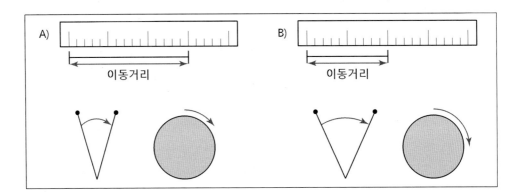

	A	B	
C/R비			크다, 작다, 별 차이 없다
민감도			민감하다, 둔감하다, 별 차이 없다
조종시간			길다, 짧다, 별 차이 없다
이동시간			길다, 짧다, 별 차이 없다

풀이 **조종-반응비율(Control-Response Ratio)**

	A	B	
(1) C/R비	작다	크다	크다, 작다, 별 차이 없다
(2) 민감도	민감하다	둔감하다	민감하다, 둔감하다, 별 차이 없다
(3) 조종시간	길다	짧다	길다, 짧다, 별 차이 없다
(4) 이동시간	짧다	길다	길다, 짧다, 별 차이 없다

(1) C/R비: $C/R비 = \dfrac{조종장치의\ 움직인\ 거리}{표시장치의\ 이동\ 거리}$

　　조종장치의 움직임에 따라 상대적으로 반응거리가 커지면 C/R비가 작다.

(2) 민감도: 조종장치를 조금만 움직여도 표시장치의 지침이 많이 움직이므로 민감하다.

(3) 조종시간: 조종장치를 조금만 움직여도 표시장치 지침의 많은 움직임으로 인하여 조심스럽게 제어하여야 하므로 조종시간이 길다.

(4) 이동시간: 조종장치를 조금만 움직여도 표시장치의 지침이 많이 움직이므로 이동시간이 짧다.

12 VDT 작업관리지침 중 각 수치값은 얼마인지 쓰시오.

(1) 키보드의 경사는 5°~15°, 두께는 (   ) 이하로 해야한다.

(2) 바닥면에서 앉는 면까지의 높이는 눈과 손가락의 위치를 적절히 조절할 수 있도록 적어도 40± (   ) 의 범위 내에서 조정이 가능한 것으로 해야한다.

(3) 높이 조정이 가능한 작업대를 사용하는 경우에는 바닥 면에서 작업대 표면까지의 높이가 (   ) 전후에서 작업자의 체형에 알맞도록 조정하여 고정해야 한다.

(4) 화면과의 거리는 최소 (   ) 이상이 확보되도록 한다.

(5) 팔꿈치의 내각은 (   ) 이상이 되어야 한다.

(6) 무릎의 내각은 (   ) 전후가 되도록 해야 한다.

> (풀이) **VDT 작업의 작업자세**
>
> (1) 3 cm
> (2) 5 cm
> (3) 65 cm
> (4) 40 cm
> (5) 90°
> (6) 90°

13 작업이 아래와 같을 때, 1시간 총 작업시간에 포함되어야 하는 휴식시간 R(분)은 얼마인지 쓰시오(단, 평균 작업 에너지소비량: 5 kcal/min, 휴식 시의 에너지소비량: 1.5 kcal/min, 권장 평균 에너지소비량: 4 kcal/min).

> (풀이) **휴식시간의 산정**
>
> Murrel의 공식 $R = \dfrac{T(E-S)}{E-1.5}$
>
> R: 휴식시간(분)
> T: 총 작업시간(분)
> E: 평균 작업 에너지소모량(kcal/min)
> S: 권장 평균 에너지소모량(kcal/min)
>
> 따라서, 휴식시간 $R = \dfrac{60 \times (5-4)}{5-1.5} = 17.14$(분)

14 1,000개의 제품 중 10개의 불량품이 발견되었다. 실제로 100개의 불량품이 있었다면 인간신뢰도는 얼마인지 쓰시오.

> (풀이) **인간신뢰도**

휴먼에러확률(HEP) $= \hat{P} = \dfrac{\text{실제 인간의 에러 횟수}}{\text{전체 에러 기회의 횟수}} = \dfrac{100-10}{1000} = 0.09$

인간신뢰도 $= 1-HEP = 1-0.09 = 0.91$

15 OWAS의 평가항목과 RULA의 B그룹에 사용되는 신체 부위를 쓰시오.

> (풀이) **OWAS와 RULA**

(1) OWAS의 평가항목: 허리, 팔, 다리, 하중/힘
(2) RULA의 B그룹: 목, 몸통, 다리

16 무릎을 구부리고 2시간 이상 용접작업 시행의 경우 유해요인을 아래와 같이 지적한 경우 각각의 대책을 1가지씩 제시하시오.

(1) 부자연스런 자세
(2) 무릎의 접촉스트레스
(3) 손목, 어깨의 반복적 스트레스
(4) 장시간 유해요인 노출시간

> (풀이) **유해요인의 공학적 개선**

(1) 부자연스런 자세: 높낮이 조절 가능한 작업대의 설치

(2) 무릎의 접촉스트레스: 무릎보호대의 착용
(3) 손목, 어깨의 반복적 스트레스: 자동화 기기나 설비도입
(4) 장시간 유해요인 노출시간: 환기, 적절한 휴식시간, 작업확대, 작업교대

17 A에서 Z까지 임의로 선택 시 정보량은 얼마인지 쓰시오.

(풀이) **정보량**

A~Z까지는 총 26개
정보량 $= \log_2 26 = 4.70$ bit

18 전문가가 체크리스트나 평가기준을 가지고 평가대상을 보면서 사용성에 관한 문제점을 찾아 나가는 사용성 평가방법이 무엇인지 쓰시오.

(풀이) **휴리스틱 평가법**

휴리스틱 평가법: 전문가가 평가대상을 보면서 체크리스트나 평가기준을 가지고 평가하는 방법

인간공학기사 실기시험 문제풀이 23회[123]

1 음압이 $10^{1/2}$이 증가할 때의 dB을 쓰시오.

(풀이) **음압수준**

$$SPL = 20\log_{10}\left(\frac{P_1}{P_0}\right) = 20\log_{10}(10^{1/2}) = 10 \text{ dB}$$

여기서, P_1: 측정하고자 하는 음압

P_0: 기준 음압

2 감성공학의 접근방법 중 Osgood의 의미미분법(SD)을 설명하시오.

(풀이) **감성공학 I류**

인간의 감성은 거의 대부분의 경우 형용사로 표현할 수 있으나 형용사를 소재로 하여 인간의 심상 공간을 측정하는 방법으로서 의미미분법(Semantic Difference, SD)이 있다.

3 권장무게한계(RWL)값 산출에 포함된 HM, VM, AM의 값이 '0'이 되는 한계값 기준을 쓰시오.

(풀이) **RWL**

(1) HM = 25/H(25≤H≤63 cm)

= 1, (H<25 cm)

= 0, (H>63 cm)

(2) VM $= 1-(0.003\times|V-75|), \ (0\leq V\leq 175 \ cm)$
$\quad\quad = 0, \ (V>175 \ cm)$

(3) AM $= 1-(0.0032\times A), \ (0°\leq A\leq 135°)$
$\quad\quad = 0, \ (A>135°)$

따라서, HM: 63 cm 초과, VM: 175 cm 초과 , AM: 135° 초과

4 ILO 피로여유율에서 변동 여유율 9가지 중 5가지를 기술하시오.

(풀이) **ILO 여유율**

ILO 피로여유율 중 변동 여유율은 다음과 같다.
(1) 작업자세
(2) 중량물 취급
(3) 조명
(4) 공기조건
(5) 눈의 긴장도
(6) 소음
(7) 정신적 긴장도
(8) 정신적 단조감
(9) 신체적 단조감

5 A와 B의 양품과 불량품을 선별하는 기대치를 구하고, 보다 경제적인 대안을 고르시오.

- 양품을 불량품으로 판별할 경우 발생비용: 60만원
- 불량품을 양품으로 판별할 경우 발생비용: 10만원

	양품을 불량품으로 오류내지 않을 확률	불량품을 양품으로 오류내지 않을 확률
A	60%	95%
B	80%	80%

(풀이) **경제적 대안 찾기**
(1) A의 경우
   가. 양품을 불량품으로 판별할 경우 발생비용: 60만원×0.4 = 24만원

나. 불량품을 양품으로 판별할 경우 발생비용: 10만원×0.05 = 5천원

다. A의 기대치 = 24만 5천원

(2) B의 경우

가. 양품을 불량품으로 판별할 경우 발생비용: 60만원×0.2 = 12만원

나. 불량품을 양품으로 판별할 경우 발생비용: 10만원×0.2 = 2만원

다. B의 기대치 = 14만원

따라서, A > B이므로, B의 경우가 더 경제적인 대안이다.

6 제이콥 닐슨 사용성 속성 5가지를 기술하시오.

(풀이) **닐슨(Nielsen)의 사용성 정의**

제이콥 닐슨(J. Nielsen)의 사용성 속성(척도)은 다음과 같다.

(1) 학습용이성(Learnability): 초보자가 제품의 사용법을 얼마나 배우기 쉬운가를 나타낸다.

(2) 효율성(Efficiency): 숙련된 사용자가 원하는 일을 얼마나 빨리 수행할 수 있는가를 나타낸다.

(3) 기억용이성(Memorability): 오랜만에 다시 사용하는 재사용자들이 사용방법을 얼마나 기억하기 쉬운가를 나타낸다.

(4) 에러 빈도 및 정도(Error Frequency and Severity): 사용자가 에러를 얼마나 자주 하는가와 에러의 정도가 큰지 작은지 여부, 그리고 에러를 쉽게 만회할 수 있는지를 나타낸다.

(5) 주관적 만족도(Subjective Satisfaction): 제품에 대해 사용자들이 얼마나 만족하게 느끼고 있는가를 나타낸다.

7 다음은 한국인 남녀의 앉은 오금 높이에 대한 데이터이다. 조절식으로 의자를 설계할 때 의자의 높이를 구하시오(단, 신발의 두께는 2.5 cm 가정, 퍼센타일 값을 결정).

분류	남	여
평균	392 mm	363 mm
표준편차	20.6	19.5

퍼센타일	5	10	50	90	95
결정계수	−1.64	−1.28	0	1.28	1.64

(풀이) **인체측정 자료의 응용원칙**

(1) 최소치 설계: 여자의 5퍼센타일 값을 이용

최소값 = 363−(1.64×19.5)+25 = 356.02(mm)

(2) 최대치 설계: 남자의 95퍼센타일 값을 이용

  최대값 = 392+(1.64×20.6)+25 = 450.78(mm)

따라서, 조절식 범위는 356.02(mm)~450.78(mm)이다.

8 PL법 중에서 제조상의 결함, 설계상의 결함, 지시·경고상의 결함에 대해 기술하시오.

풀이 **제조물책임법에서의 결함**

(1) 제조상의 결함: 제품의 제조과정에서 발생하는 결함으로, 원래의 도면이나 제조방법대로 제품이 제조되지 않았을 때도 여기에 해당된다.

(2) 설계상의 결함: 제품의 설계 그 자체에 내재하는 결함으로 설계대로 제품이 만들어 졌다고 하더라도 결함으로 판정되는 경우이다.

(3) 지시·경고상의 결함: 제품이 설계와 제조과정에서 아무런 결함이 없다 하더라도 소비자가 사용상의 부주의나 부적당한 사용으로 발생할 위험에 대비하여 적절한 사용 및 취급 방법 또는 경고가 포함되어 있지 않을 때이다.

9 OWAS와 REBA의 장점과 단점을 기술하고, 쪼그려 앉아서 하는 작업에 대한 평가 적합여부를 결정하시오.

풀이 **OWAS와 REBA**

(1) OWAS

  가. 장점

    1. 현장에서 작업자들의 전신 작업자세를 손쉽고 빠르게 평가할 수 있는 도구이다.

  나. 단점

    1. 작업자세 분류체계가 특정한 작업에만 국한되기 때문에 정밀한 작업자세를 평가하기 어렵다.

    2. 상지나 하지 등 몸의 일부만 움직임이 적으면서도 반복하여 사용하는 작업 등에서는 차이를 파악하기 어렵다.

    3. 지속시간을 검토할 수 없으므로 유지자세의 평가는 어렵다.

  다. 쪼그려 앉아서 하는 작업에 대한 평가 적합여부: 적합

(2) REBA

  가. 장점

    1. RULA가 상지에 국한 되어 평가하는 단점을 보완하여 간호사 작업 등과 같이 비정형적이며 예측이 힘든 다양한 자세를 평가하는 기법이다.

    2. 전신의 작업자세, 작업물이나 공구의 무게도 고려하고 있다.

  나. 단점

    1. RULA에 비하여 자세 분석에 사용된 사례가 부족하다.

다. 쪼그려 앉아서 하는 작업에 대한 평가 적합여부: 부적합

10 SEARCH 6가지 원칙을 정의하고 기술하시오.

> (풀이) **개선의 SEARCH 원칙**
>
> 개선의 SEARCH 원칙은 다음과 같다.
> (1) S(Simplify operations): 작업의 단순화
> (2) E(Eliminate unnecessary work and material): 불필요한 작업 및 자재 제거
> (3) A(Alter sequence): 순서의 변경
> (4) R(Requirements): 요구조건
> (5) C(Combine operations): 작업의 결합
> (6) H(How often): 얼마나 자주

11 Murell의 휴식시간 공식을 쓰고 용어와 공식을 설명하고, 휴식시간과 작업시간을 구하시오(작업 시 에너지소비량: 6 kcal/min, 권장 평균 에너지소비량: 5 kcal/min).

> (풀이) **휴식시간의 산정**
>
> 휴식시간 $R = T\dfrac{(E-S)}{(E-1.5)}$
>
> 여기서, T: 총 작업시간(분)
> E: 해당 작업의 에너지소비량(kcal/min)
> S: 권장 에너지소비량(kcal/min)
>
> 휴식시간: $480\dfrac{(6-5)}{(6-1.5)} = 106.67$분
> 작업시간: $480 -$휴식시간 $= 480 - 106.67 = 373.33$분

12 전력공급 차단을 대비하기 위해 전력공급 기계장치의 Backup software가 존재한다. 전력공급사의 작업자 오류발생 확률이 10%, 전력공급 기계장치 자체의 오작동발생 확률이 5%이고 Backup software의 오작동발생 확률이 10% 일 때, 전체 시스템 신뢰도 R을 구하시오(단, 소수 넷째 자리까지 쓰시오).

풀이 **설비의 신뢰도**

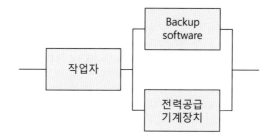

신뢰도 R = 0.9×{1−(1−0.9)×(1−0.95)} = 0.8955

13 근골격계질환 예방·관리 프로그램에서 보건관리자 역할 3가지를 기술하시오.

풀이 **보건관리자의 역할**

근골격계질환 예방·관리 프로그램에서 보건관리자의 역할은 다음과 같다.

(1) 주기적으로 작업장을 순회하여 근골격계질환을 유발하는 작업공정 및 작업유해요인을 파악한다.

(2) 주기적인 작업자 면담 등을 통하여 근골격계질환 증상호소자를 조기에 발견하는 일을 한다.

(3) 7일 이상 지속되는 증상을 가진 작업자가 있을 경우 지속적인 관찰, 전문의 진단의뢰 등의 필요한 조치를 한다.

(4) 근골격계질환자를 주기적으로 면담하여 가능한 한 조기에 작업장에 복귀할 수 있도록 도움을 준다.

(5) 예방·관리 프로그램 운영을 위한 정책 결정에 참여한다.

14 어느 요소작업을 25번 측정한 결과 $\overline{X}$ = 0.30, S = 0.09로 밝혀졌다. 신뢰도 95%, 상대 허용오차 ±5%를 만족시키는 관측횟수를 구하시오(단, $t_{24,\ 0.025}$ = 2.064).

풀이 **관측횟수의 결정**

$$N = \left(\frac{t(n-1, 0.025) \times S}{0.05\overline{X}} \right)^2 \left(여기서, S = \sqrt{\frac{\sum(x_i - \overline{x})^2}{n}} \right)$$

t분포표로부터 $t_{24,\ 0.025}$ = 2.064, $\overline{X}$ = 0.30 이므로,

필요 관측횟수 $N = \left(\dfrac{2.064 \times 0.09}{0.05 \times 0.3} \right)^2 = 153.36 \fallingdotseq 154$회

15 조립, 분해, 바로놓기, 선택, 찾기의 서블릭 기호를 기술하시오.

> **풀이** **서블릭 기호**

(1) 조립 – A
(2) 분해 – DA
(3) 바로놓기 – P
(4) 선택 – St
(5) 찾기 – Sh

16 다음의 문 손잡이의 설계는 어떤 원리를 적용하여 개선한 것인지 정의하고 서술하시오.

개선 전

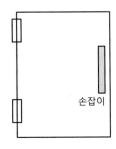

개선 후

> **풀이** **사용자 인터페이스 설계원칙**

(1) 설계원칙: 제약과 행동 유도성을 고려한 설계원리
(2) 서술: 출입문의 손잡이에서 사용자에게 문을 여는 것에 대해 제공하고 있는 단서가 없다면, 사용자는 출입문을 왼쪽으로 열어야 할까, 아니면 오른쪽으로 열어야 할까 고민을 하게 된다. 행동유도성은 행동에 제약을 가하도록 사물을 설계함으로써 특정한 행동만이 가능하도록 유도하는 데서 온다. 예를 들어, 출입문의 손잡이 부분을 옆으로 달아 놓은 것이 아니라 열어야 될 쪽에 위치시켜 상하 방향으로 달아 놓았다면 왼쪽이냐 오른쪽이냐를 놓고 고민할 필요가 없고 사용자의 실수를 줄이고 사고 및 상해를 예방할 수 있다. 또한 출입문의 개방방향을 장소 및 공간에 적절하게 설계하고, 출입문의 밀고 당기는 방향, 손잡이의 회전 방향 등의 정보가 담긴 지시나 표시(label)를 사용자의 눈에 띄기 쉬운 곳에 부착하는 것이 바람직하다.

인간공학기사 실기시험 문제풀이 24회[121]

1 근골격계질환 예방을 위한 관리적 개선방안 5가지 쓰시오.

> (풀이) **근골격계질환 예방을 위한 관리적 개선방안**

근골격계질환 예방을 위한 관리적 개선방안은 다음과 같다.
(1) 작업의 다양성 제공(작업 확대)
(2) 작업자 교대
(3) 작업자에 대한 휴식시간(회복시간) 제공
(4) 작업습관 변화
(5) 작업공간, 공구 및 장비의 정기적인 청소 및 유지보수
(6) 근골격계질환 예방체조의 도입(운동체조 강화)
(7) 근골격계질환 관련 교육 실시
(8) 작업일정 및 작업속도 조절

2 PL법에서 손해배상책임을 지는 자가 책임을 면하기 위하여 입증하여야 하는 사실 3가지를 서술하시오.

> (풀이) **제조물책임이 면책되는 경우**

PL법에서 손해배상책임을 지는 자가 책임을 면하기 위해 입증하여야 하는 사실은 다음과 같다.
(1) 제조업자가 당해 제조물을 공급하지 아니한 사실
(2) 제조업자가 당해 제조물을 공급한 때의 과학, 기술 수준으로는 결함의 존재를 발견할 수 없다는 사실
(3) 제조물의 결함이 제조업자가 당해 제조물을 공급할 당시의 법령이 정하는 기준을 준수함으로써 결함이 발생한 사실
(4) 원재료 또는 부품의 경우에는 당해 원재료 또는 부품을 사용한 완성품 제조업자의 설계 또는 제작에 관한 지시로 결함이 발생한 사실

3 행동유도성에 대한 정의와 사례를 쓰시오.

> (풀이) **노먼(Norman)의 설계원칙 중 행동유도성(affordance)**
>
> (1) 정의: 물건들은 각각의 모양이나 다른 특성에 의해 그것들을 어떻게 이용하는가에 대한 암시를 제공하는 것임
> (2) 예: 사과가 빨갛게 익으면 따먹자고 하는 행동을 유도하고, 의자는 앉고 싶은 행동을 유도함

4 유해요인조사 시 사업주가 보관해야 할 3가지 문서가 무엇인지 쓰시오.

> (풀이) **유해요인조사 시 문서의 기록과 보존**
>
> 유해요인조사 시 사업주가 보관해야 할 3가지 문서는 다음과 같다.
> (1) 유해요인조사 결과(해당될 경우 근골격계질환 증상조사 결과 포함)
> (2) 의학적 조치 및 그 결과
> (3) 작업환경 개선계획 및 그 결과보고서

5 평균관측시간 10분, 수행도 120%, 여유율 10%일 때 표준시간을 구하시오.

> (풀이) **표준시간의 계산**
>
> 외경법에 의한 표준시간은 다음과 같다.
> (1) 정미시간(NT) = 평균관측시간×수행도
>   = 10분×1.2
>   = 12분
>
> (2) 표준시간(ST) = 정미시간×(1+여유율)
>   = 12×(1+0.1)
>   = 13.2분

6 시거리가 71 cm일 때 단위 눈금 1.8 mm, 시거리가 91 cm가 되면 단위 눈금은 얼마가 되어야 하는지 구하시오.

> (풀이) **정량적 눈금의 길이**
>
> 71 cm: 1.8 mm = 91 cm: x
> $$x = \frac{1.8 \times 910}{710} = 2.31 \text{ mm}$$

7 서블릭기호 중 효율적인 것 2개, 비효율적인 것 2개씩 쓰시오.

(풀이) **서블릭 기호**

효율적 서블릭		비효율적 서블릭	
기본동작 부문	(1) 빈손이동(TE)	정신적 또는 반정신적인 부문	(1) 찾기(Sh)
	(2) 쥐기(G)		(2) 고르기(St)
	(3) 운반(TL)		(3) 검사(I)
	(4) 내려 놓기(RL)		(4) 바로 놓기(P)
	(5) 미리 놓기(PP)		(5) 계획(Pn)
동작목적을 가진 부문	(1) 조립(A)	정체적인 부문	(1) 휴식(R)
	(2) 사용(U)		(2) 피할 수 있는 지연(AD)
	(3) 분해(DA)		(3) 잡고 있기(H)
			(4) 불가피한 지연(UD)

8 단순반응시간 0.2초, 1bit 증가 당 0.5초의 기울기, 자극 수가 8개일 때 반응시간을 구하시오.

(풀이) **반응시간**

Hick's law에 의해

반응시간(RT: Reaction Time) $= a + b log_2 N$
$$= 0.2 + (0.5 \times log_2 8)$$
$$= 1.7초$$

9 양립성이란 무엇이며 각 종류에 대한 내용을 한 개씩 예를 들어 서술하시오.

(풀이) **양립성의 정의 및 종류**

(1) 정의: 자극들 간의, 반응들 간의 혹은 자극-반응 조합의 공간, 운동 혹은 개념적 관계가 인간의 기대와 모순되지 않는 것을 말함

(2) 종류
   가. 개념양립성(Conceptual compatibility): 코드나 심벌의 의미가 인간이 갖고 있는 개념과 양립
      (예: 비행기 모형-비행장)
   나. 운동양립성(Movement compatibility): 조종기를 조작하여 표시장치상의 정보가 움직일 때 반응 결과가
      인간의 기대와 양립(예: 라디오의 음량을 줄일 때 조절장치를 반시계방향으로 회전)

다. 공간양립성(Spatial compatibility): 공간적 구성이 인간의 기대와 양립
　　(예: 버튼의 위치와 관련 표시장치의 위치가 양립)

10 수공구 설계 시 고려해야 할 인간공학적 측면 5가지를 쓰시오.

(풀이)　**수공구 설계 원칙**

인간공학적 측면에서의 수공구 설계 원칙은 다음과 같다.
(1) 수동공구 대신에 전동공구를 사용한다.
(2) 가능한 손잡이의 접촉면을 넓게 한다.
(3) 제일 강한 힘을 낼 수 있는 중지와 엄지를 사용한다.
(4) 손잡이의 길이가 최소한 10 cm는 되도록 설계한다.
(5) 손잡이가 두 개 달린 공구들은 손잡이 사이의 거리를 알맞게 설계한다.
(6) 손잡이의 표면은 충격을 흡수할 수 있고, 비전도성으로 설계한다.
(7) 공구의 무게는 2.3 kg 이하로 설계한다.
(8) 장갑을 알맞게 사용한다.

11 Barnes의 동작경제 원칙 3가지를 쓰시오.

(풀이)　**Barnes의 동작경제의 원칙**

(1) 신체의 사용에 관한 원칙
　　가. 양손은 동시에 동작을 시작하고, 또 끝마쳐야 한다.
　　나. 휴식시간 이외에 양손이 동시에 노는 시간이 있어서는 안 된다.
　　다. 양팔은 각기 반대방향에서 대칭적으로 동시에 움직여야 한다.
　　라. 손의 동작은 작업을 수행할 수 있는 최소 동작 이상을 해서는 안 된다.
　　마. 작업자들을 돕기 위하여 동작의 관성을 이용하여 작업하는 것이 좋다.

(2) 작업역의 배치에 관한 원칙
　　가. 모든 공구와 재료는 일정한 위치에 정돈되어야 한다.
　　나. 공구와 재료는 작업이 용이하도록 작업자의 주위에 있어야 한다.
　　다. 중력을 이용한 부품상자나 용기를 이용하여 부품을 부품 사용 장소에 가까이 보낼 수 있도록 한다.
　　라. 가능하면 낙하시키는 방법을 이용하여야 한다.
　　마. 공구 및 재료는 동작에 가장 편리한 순서로 배치한다.

(3) 공구 및 설비의 설계에 관한 원칙
　　가. 치구, 고정 장치나 발을 사용함으로써 손의 작업을 보존하고 손은 다른 동작을 담당하도록 하면 편리하다.
　　나. 공구류는 될 수 있는 대로 두 가지 이상의 기능을 조합한 것을 사용하여야 한다.
　　다. 공구류 및 재료는 될 수 있는 대로 다음에 사용하기 쉽도록 놓아두어야 한다.
　　라. 각 손가락이 사용되는 작업에서는 각 손가락의 힘이 같지 않음을 고려하여야 할 것이다.

마. 각종 손잡이는 손에 가장 알맞게 고안함으로써 피로를 감소시킬 수 있다.

12 전신작업평가 기법 OWAS(Ovako Working-posture Analysing System)의 평가항목 중 3가지를 쓰시오.

⬭ 풀이　**OWAS의 평가항목**

OWAS의 평가항목은 다음과 같다.
(1) 허리(back)
(2) 팔(arms)
(3) 다리(legs)
(4) 하중(weight)

13 국내에서 총 8시간 동안 작업을 하면서 85 dB에서 2시간, 90 dB에서 3시간, 95 dB 에서 3시간의 소음에 노출되었을 때 소음노출지수와 TWA값을 구하시오.

⬭ 풀이　**소음노출지수**

국내의 산업안전보건법에 따라,

(1) 소음노출지수(D)(%) $= \left(\dfrac{C_1}{T_1} + \dfrac{C_2}{T_2} + ... + \dfrac{C_n}{T_n} \right) \times 100$

　　여기서, C_i : 특정 소음 내에 노출된 총 시간

　　　　　　T_i : 특정 소음 내에서의 허용노출기준

　소음노출지수(D)(%) $= \left(\dfrac{3}{8} + \dfrac{3}{4} \right) \times 100$

　　　　　　　　　$= (0.375 + 0.75) \times 100$

　　　　　　　　　$= 1.125 \times 100$

　　　　　　　　　$= 112.5$

(2) TWA $= 16.61 \log(D/100) + 90 \ dB(A)$

　　　　$= 16.61 \log 1.125 + 90 \ dB(A)$

　　　　$= 90.85 \ dB(A)$

14 신호검출이론에서 Miss 확률, P(N/S) = 0.05이고, False Alarm 확률, P(S/N) = 0.8일 때, Hit 확률 및 Correct Noise 확률을 구하시오.

> **풀이** **신호검출이론(SDT)**
>
> (1) Hit 확률(P(S/S), 신호가 나타났을 때 신호라고 판정할 확률)
>   = 전체 확률−Miss 확률(P(N/S), 신호가 나타나도 잡음으로 판정할 확률)
>   = 1−0.05 = 0.95
>
> (2) Correct Noise 확률(P(N/N), 잡음만 있을 때 잡음이라고 판정할 확률)
>   = 전체 확률−False Alarm 확률(P(S/N), 잡음을 신호로 판정할 확률)
>   = 1−0.8 = 0.2

15 다음 용어에 대해 설명하시오.

(1) Fool-proof

(2) Fail-safe

(3) Tamper-proof

> **풀이** **인간-기계 신뢰도 유지방안**
>
> (1) Fool-proof: 인간이 오작동을 하더라도 안전하게 하는 기능으로, 인간이 위험구역에 접근하지 못하게 하는 것(격리, 기계화, Lock장치)
>
> (2) Fail-safe: 시스템의 고장이 있어도 안전사고를 발생시키지 않도록 2중 또는 3중으로 통제를 가하는 것(교대구조, 중복구조, 하중 경감 구조)
>
> (3) Tamper-proof: 사용자 또는 조작자가 임의로 장비의 안전장치를 제거할 경우, 장비가 작동되지 않도록 하는 안전설계원리

16 중량물 취급 작업에서 작업내용이 아래와 같을 때 시점과 종점에서의 RWL 및 LI를 구하시오.

단계 1. 작업변수 측정 및 기록

중량물 무게		손 위치(cm)				수직 거리 (cm)	비대칭 각도(도)		빈도	지속 시간	커 플 링
		시점		종점			시점	종점	횟수/분	(HRS)	
L(평균)	L(최대)	H	V	H	V	D	A	A	F		C
12	12	30	60	54	130	90	0	0	4	0.75	fair

단계 2. 계수 및 RWL 계산

시점 RWL = | 23 | 0.83 | 0.96 | 0.88 | 1.0 | 0.84 | 0.95 | = | kg

종점 RWL = | 23 | 0.46 | 0.84 | 0.88 | 1.0 | 0.84 | 1.0 | = | kg

단계 3. 들기지수(LI) 계산

시점 들기지수$(LI) = \dfrac{중량물\ 무게}{RWL} = \underline{\quad\quad} = $

종점 들기지수$(LI) = \dfrac{중량물\ 무게}{RWL} = \underline{\quad\quad} = $

(풀이) **RWL과 LI**

(1) 시점 RWL = LC×HM×VM×DM×AM×FM×CM
　　　　　 = 23 kg×0.83×0.96×0.88×1.0×0.84×0.95
　　　　　 = 12.87 kg

(2) 종점 RWL = LC×HM×VM×DM×AM×FM×CM
　　　　　 = 23 kg×0.46×0.84×0.88×1.0×0.84×1.0
　　　　　 = 6.57 kg

(3) 시점 LI = 작업물의 무게/RWL
　　　　　 = 12 kg/12.87 kg = 0.93

(4) 종점 LI = 작업물의 무게/RWL
　　　　　 = 12 kg/6.57 kg = 1.83

인간공학기사 실기시험 문제풀이 25회[111]

1 아날로그 표시장치 설계의 일반적인 권고사항 3가지를 쓰시오.

(풀이) **표시장치의 지침설계**

아날로그 표시장치 설계의 일반적인 권고사항은 다음과 같다.
(1) 뾰족한 지침을 사용하라.
(2) 지침의 끝은 작은 눈금과 맞닿되 겹치지 않게 하라.
(3) (원형 눈금의 경우) 지침의 색은 선단에서 중심까지 칠하라.
(4) 지침을 눈금면과 밀착시켜라.

2 어떤 작업을 측정한 결과 관측평균시간이 1분, 레이팅계수가 110%, 여유율이 8%(외경법)일 때, 하루 8시간 생산량을 구하시오(단, 오전, 오후 휴식시간은 각 10분씩이다).

(풀이) **표준시간의 계산**

(1) 정미시간 = 관측시간의 대푯값 $\times \dfrac{\text{레이팅계수}}{100} = 1 \times \dfrac{110}{100} = 1.1$분

(2) 표준시간 = 정미시간 $\times (1+\text{여유율}) = 1.1 \times (1+0.08) = 1.188$분

(3) 실제 작업시간 = 총 근무시간−휴식시간 = 480분−20분 = 460분

(4) 하루생산량 = $\dfrac{\text{하루 작업시간}}{\text{개당 표준시간}} = \dfrac{460}{1.188} = 387.21$

3 ISO의 사용성 정의에 대하여 3가지를 기술하시오.

> **(풀이)** **ISO의 사용성 정의**
> 사용성에 대한 국제표준인 ISO9241-11에서 사용성은 효과성, 효율성, 만족을 포괄하는 개념이라고 규정하고 있다.
> (1) 효과성: 시스템이 사용자의 목적을 얼마나 충실히 달성하게 하는지를 의미하기도 하고, 사용자의 과업수행의 정확성과 수행완수 여부를 뜻하기도 한다.
> (2) 효율성: 사용자가 과업을 달성하기 위해 투입한 자원과 그 효과 간의 관계를 뜻하고, 사용시간이나 학습시간으로 측정한다.
> (3) 만족성: 사용자가 시스템을 사용하면서 주관적으로 본인이 기대했던 것에 비해 얼마나 만족했는지를 의미한다.

4 수행도 평가기법인 Westinghouse 시스템에서 종합적 평가요소 3가지를 쓰시오.

> **(풀이)** **웨스팅하우스(Westinghouse) 시스템**
> Westinghouse 시스템에서의 종합적 평가요소는 다음과 같다.
> (1) 숙련도(Skill): 경험, 적성 등의 숙련된 정도
> (2) 노력도(Effort): 마음가짐
> (3) 작업 환경(Condition): 온도, 진동, 조도, 소음 등의 작업장 환경
> (4) 일관성(Consistency): 작업시간의 일관성 정도

5 근골격계질환 예방·관리 프로그램의 시행 조건을 쓰시오.

> **(풀이)** **근골격계질환 예방·관리 프로그램 시행**
> 사업장에서 근골격계질환 예방·관리 프로그램을 시행해야 하는 경우는 다음과 같다.
> (1) 근골격계질환으로 업무상 질병을 인정받은 근로자가 연간 10인 이상 발생한 사업장
> (2) 근골격계질환으로 업무상 질병을 인정받은 근로자가 연간 5인 이상 발생한 사업장으로서 발생 비율이 그 사업장 근로자 수의 10% 이상인 경우

6 청각적 표시장치를 사용해야 하는 경우를 4가지 쓰시오.

> **(풀이)** **청각장치 사용의 특성**
> 청각적 표시장치를 사용해야 하는 경우는 다음과 같다.

(1) 전달정보가 간단하고 짧을 때
(2) 전달정보가 후에 재 참조되지 않을 때
(3) 전달정보가 시간적인 사상을 다룰 때
(4) 전달정보가 즉각적인 행동을 요구할 때
(5) 수신자의 시각 계통이 과부하 상태일 때
(6) 수신장소가 너무 밝거나 암조응 유지가 필요할 때
(7) 직무상 수신자가 자주 움직이는 경우

7 사용성 평가의 일반적인 접근방법 3가지를 기술하시오.

(풀이) 사용자평가 기법

(1) 설문조사: 설문조사에 의한 시스템 평가기법은 제일 손쉽고 경제적인 방법으로 사용자에게 시스템을 사용하게 하고, 준비된 설문지에 의해 그들의 사용 경험을 조사하는 방법이다.
(2) 구문기록법: 구문기록법이란 사용자에게 시스템을 사용하게 하면서 지금 머릿속에 떠오른 생각을 생각나는 대로 말하게 하여 이것을 기록한 다음 기록된 내용에 대해서 해석하고, 그 결과에 의해 시스템을 평가하는 방법이다.
(3) 실험평가법: 실험평가법이란 평가해야 할 시스템에 대해 미리 어떤 가설을 세우고, 그 가설을 검증할 수 있는 객관적인 기준(예를 들면, 업무의 수행시간, 에러율 등)을 설정하여 실제로 시스템에 대한 평가를 수행하는 방법이다.

8 수평작업 설계 시 고려할 정상작업영역과 최대작업영역을 설명하시오.

(풀이) 작업공간

(1) 정상작업영역: 상완을 자연스럽게 수직으로 늘어뜨린 채, 전완만으로 편하게 뻗어 파악할 수 있는 구역(34~45 cm)이다.
(2) 최대작업영역: 전완과 상완을 곧게 펴서 파악할 수 있는 구역(55~65 cm)이다.

9 사업주의 근골격계 예방·관리 프로그램의 평가지표 3가지를 기술하시오.

(풀이) 근골격계 예방·관리 프로그램의 평가지표

(1) 특정 기간 동안에 보고된 사례수를 기준으로 한 근골격계질환 증상자의 발생빈도
(2) 새로운 발생사례를 기준으로 한 발생률의 비교
(3) 작업자가 근골격계질환으로 일하지 못한 날을 기준으로 한 근로손실일수의 비교
(4) 작업개선 전후의 유해요인 노출특성의 변화

(5) 작업자의 만족도 변화

(6) 제품불량률 변화

10 아래 표의 자극정보량(bit)과 반응정보량(bit)을 구하시오.

구분	통과	정지
빨강	3	2
파랑	5	0

(풀이) **정보의 전달량**

(1) 자극정보량: $0.5\log_2\left(\dfrac{1}{0.5}\right)+0.5\log_2\left(\dfrac{1}{0.5}\right) = 1$

(2) 반응정보량: $0.8\log_2\left(\dfrac{1}{0.8}\right)+0.2\log_2\left(\dfrac{1}{0.2}\right) = 0.2575+0.4644 = 0.7219$

11 수행도 평가방법인 객관적 평가법 3단계를 기술하시오.

(풀이) **객관적 평가법**

1단계: 속도만 평가

2단계: 작업난이도 평가 – 사용 신체 부위, 발로 밟는 페달의 상황, 양손의 사용정도, 눈과 손의 조화, 취급의 주의정도, 중량 또는 저항정도

3단계: 작업난이도와 속도를 동시에 고려

12 NIOSH Lifting Equation의 들기계수 6가지를 기술하시오.

(풀이) **NLE(NIOSH Lifting Equation)**

NIOSH Lifting Equation의 들기계수는 다음과 같다.

(1) HM(수평계수, Horizontal Multiplier)

(2) VM(수직계수, Vertical Multiplier)

(3) DM(거리계수, Distance Multiplier)

(4) AM(비대칭계수, Asymmetric Multiplier)

(5) FM(빈도계수, Frequency Multiplier)

(6) CM(결합계수, Coupling Multiplier)

13 23 kg의 박스 2개를 들 때, LI 지수를 구하시오(단, RWL = 23 kg).

(풀이) **RWL과 LI**

LI = 작업물 무게/RWL
    = (23×2) kg/23 kg
    = 2

14 PL법에서 제조물책임 예방 대책 중 제조물을 공급하기 전 대책 3가지를 쓰시오.

(풀이) **제조물책임 사고의 예방 대책**

제조물책임 사고의 예방 대책은 다음과 같다.
(1) 설계상의 결함예방 대책
(2) 제조상의 결함예방 대책
(3) 경고라벨 및 사용설명서 작성(표시결함) 시 유의사항

인간공학기사 실기시험 문제풀이 26회[101]

1 정상작업영역, 최대작업영역을 설명하시오.

<u>풀이</u> **작업공간**

(1) 정상작업영역: 상완을 자연스럽게 수직으로 늘어뜨린 채, 전완만으로 편하게 뻗어 파악할 수 있는 구역 (34~45 cm)이다.

(2) 최대작업영역: 전완과 상완을 곧게 펴서 파악할 수 있는 구역(55~65 cm)이다.

2 PL법에서 손해배상책임을 지는 자가 책임을 면하기 위해 입증하여야 하는 사실 2가지를 쓰시오.

<u>풀이</u> **제조물책임이 면책되는 경우**

PL법에서 손해배상책임을 지는 자가 책임을 면하기 위해 입증하여야 하는 사실은 다음과 같다.

(1) 제조업자가 당해 제조물을 공급하지 아니한 사실

(2) 제조업자가 당해 제조물을 공급한 때의 과학, 기술 수준으로는 결함의 존재를 발견할 수 없었다는 사실

(3) 제조물의 결함이 제조업자가 당해 제조물을 공급할 당시의 법령이 정하는 기준을 준수함으로써 발생한 사실

(4) 원재료 또는 부품의 경우에는 당해 원재료 또는 부품을 사용한 제조물 제조업자의 설계 또는 제작에 관한 지시로 결함이 발생하였다는 사실

3 Barnes의 동작경제 원칙 중 신체의 사용에 관한 원칙 5가지를 쓰시오.

> (풀이) **Barnes의 동작경제 원칙 중 신체의 사용에 관한 원칙**

Barnes의 동작경제 원칙 중 신체의 사용에 관한 원칙은 다음과 같다.
(1) 양손은 동시에 동작을 시작하고, 또 끝마쳐야 한다.
(2) 휴식시간 이외에 양손이 동시에 노는 시간이 있어서는 안 된다.
(3) 양팔은 각기 반대방향에서 대칭적으로 동시에 움직여야 한다.
(4) 손의 동작은 작업을 수행할 수 있는 최소 동작 이상을 해서는 안 된다.
(5) 작업자들을 돕기 위하여 동작의 관성을 이용하여 작업하는 것이 좋다.
(6) 구속되거나 제한된 동작 또는 급격한 방향전환보다는 유연한 동작이 좋다.
(7) 작업동작은 율동이 맞아야 한다.
(8) 직선동작보다는 연속적인 곡선동작을 취하는 것이 좋다.
(9) 탄도동작(ballistic movement)은 제한되거나 통제된 동작보다 더 신속·정확·용이하다.

4 작업관리 문제해결 방식에서 개선을 위한 원칙 SEARCH에 대해서 설명하시오.

> (풀이) **개선의 SEARCH 원칙**

개선의 SEARCH 원칙은 다음과 같다.
(1) S(Simplify operations): 작업의 단순화
(2) E(Eliminate unnecessary work and material): 불필요한 작업 및 자재 제거
(3) A(Alter sequence): 순서의 변경
(4) R(Requirements): 요구조건
(5) C(Combine operations): 작업의 결합
(6) H(How often): 얼마나 자주

5 소음이 각각 85 dB, 90 dB, 60 dB인 기계들의 소음 합산 레벨을 쓰시오.

> (풀이) **소음의 합**

$$\text{소음의 합} = 10\log(10^{\frac{L_{p1}}{10}} + 10^{\frac{L_{p2}}{10}} + 10^{\frac{L_{p3}}{10}} \cdots)$$
$$= 10\log(10^{\frac{85}{10}} + 10^{\frac{90}{10}} + 10^{\frac{60}{10}} \cdots) = 91.2 \text{ dB}$$

6 다음 조건의 들기 작업에 대해 NLE를 구하시오.

작업물 무게	HM	VM	DM	AM	FM	CM
8 kg	0.45	0.88	0.92	1.00	0.95	0.80

   (1) RWL을 구하시오.

   (2) LI를 구하시오.

   (3) 조치수준을 구하시오.

> **풀이** **RWL과 LI**
>
> (1) RWL = LC×HM×VM×DM×AM×FM×CM
>   = 23 kg×0.45×0.88×0.92×1.00×0.95×0.80
>   = 6.37 kg
>
> (2) LI = $\dfrac{작업물\ 무게}{RWL}$ = $\dfrac{8}{6.37}$ = 1.26
>
> (3) 이 작업은 요통발생 위험이 높으므로 작업을 설계/재설계할 필요가 있다.

7 산업안전보건법상 수시 유해요인조사를 실시하여야 하는 경우 3가지를 쓰시오.

> **풀이** **수시 유해요인조사를 실시하는 경우**
>
> (1) 산업안전보건법에 의한 임시건강진단 등에서 근골격계질환자가 발생하였거나 산업재해보상보험법에 의한 근골격계질환자가 발생한 경우
> (2) 근골격계 부담작업에 해당하는 새로운 작업·설비를 도입한 경우
> (3) 근골격계 부담작업에 해당하는 업무의 양과 작업공정 등 작업환경을 변경한 경우

8 여성 근로자의 8시간 조립작업에서 대사량을 측정한 결과, 산소소비량이 1.1 L/min으로 측정되었다(권장 에너지소비량 – 남성: 5 kcal/min, 여성: 3.5 kcal/min). 이 작업의 휴식시간을 구하시오.

> **풀이** **휴식시간의 산정**
>
> (1) 휴식시간: $R = T\dfrac{(E-S)}{(E-1.5)}$

여기서, T: 총 작업시간(분)

E: 해당 작업의 에너지소비량(kcal/min)

S: 권장 에너지소비량(kcal/min)

(2) 해당 작업의 에너지소비량 = 분당 산소소비량×산소 1 L당 에너지소비량

$\quad\quad\quad$ = 1.1 L/min×5 kcal/min

$\quad\quad\quad$ = 5.5 kcal/min

(3) 휴식시간 = $480 \times \dfrac{(5.5 - 3.5)}{(5.5 - 1.5)}$ = 240분

9 조종장치의 손잡이 길이가 3 cm이고, 90°를 움직였을 때 표시장치에서 3 cm가 이동하였다. (1) C/R비와 (2) 민감도를 높이기 위한 방안 2가지를 쓰시오.

（풀이） **조종-반응비율(Control-Response Ratio)**

(1) C/R비 = $\dfrac{(a/360) \times 2\pi L}{\text{표시장치 이동거리}}$

$\quad$ 여기서, a: 조종장치가 움직인 각도

$\quad\quad\quad L$: 반지름(조종장치의 길이)

$\quad$ C/R비 = $\dfrac{(90/360) \times (2 \times 3.14 \times 3)}{3}$ = 1.57

(2) 민감도를 높이기 위한 방안

$\quad$ C/R비가 낮을수록 민감하므로, 표시장치의 이동거리를 크게 하고 조종장치의 움직이는 각도를 작게 한다.

10 신호검출이론에서 신호의 유무를 판정하는 4가지 반응대안을 쓰시오.

（풀이） **신호검출이론(SDT)**

신호의 유무를 판정하는 4가지 반응대안은 다음과 같다.

(1) 신호의 정확한 판정(Hit): 신호가 나타났을 때 신호라고 판정, P(S/S)

(2) 허위경보(False Alarm): 잡음을 신호로 판정, P(S/N)

(3) 신호검출 실패(Miss): 신호가 나타났는데도 잡음으로 판정, P(N/S)

(4) 잡음을 제대로 판정(Correct Noise): 잡음만 있을 때 잡음이라고 판정, P(N/N)

11 인간의 오류 중 착오, 실수, 건망증에 대해 설명하시오.

(풀이) **휴먼에러의 유형**

(1) 착오: 부적합한 의도를 가지고 행동으로 옮긴 경우
(2) 실수: 의도는 올바른 것이지만 반응의 실행이 올바른 것이 아닌 경우
(3) 건망증: 여러 과정이 연계적으로 일어나는 행동을 잊어버리고 안하는 경우

12 ASME 공정도를 설명하시오.

(풀이) **공정도**

공정종류	공정기호	설명
가 공	○	작업목적에 따라 물리적 또는 화학적 변화를 가한 상태 또는 다음 공정 때문에 준비가 행해지는 상태를 말한다.
운 반	▭	작업 대상물이 한 장소에서 다른 장소로 이전하는 상태이다.
정 체	D	원재료, 부품 또는 제품이 가공 또는 검사되는 일이 없이 정지되고 있는 상태이다.
저 장	▽	원재료, 부품 또는 제품이 가공 또는 검사되는 일이 없이 저장되고 있는 상태이다.
검 사	□	물품을 어떠한 방법으로 측정하여 그 결과를 기준으로 비교하여 합부 또는 적부를 판단한다.

13 생체신호를 이용한 스트레인의 주요척도 4가지를 쓰시오.

(풀이) **스트레인의 척도**

생체신호를 이용한 스트레인의 주요척도는 다음과 같다.
(1) 뇌전도(EEG)
(2) 심전도(ECG)
(3) 근전도(EMG)
(4) 안전도(EOG)
(5) 전기피부반응(GSR)

14 근골격계질환 예방·관리 프로그램의 흐름도를 그리시오.

(풀이)

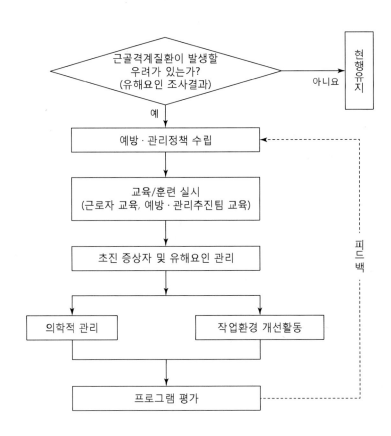

15 다음의 물음에 답하시오.

(1) 원추체란 무엇인가?

(2) 간상체란 무엇인가?

(풀이) **망막의 구조**
(1) 원추체: 낮처럼 조도 수준이 높을 때 기능을 하며 색깔을 구분하는 세포
(2) 간상체: 밤처럼 조도 수준이 낮을 때 기능을 하며 흑백의 음영만을 구분하는 세포

16 다음의 물음에 답하시오.

(1) OWAS 평가항목을 쓰시오.

(2) RULA에서 평가하는 신체부위를 쓰시오.

(풀이) **OWAS와 RULA**

(1) 허리, 팔, 다리, 하중
(2) 윗팔, 아래팔, 손목, 목, 몸통, 다리

17 10회 측정하여 평균 관측시간이 2.2분, 표준편차가 0.35일 때, 아래의 조건에 대한 답을 구하시오.

(1) 레이팅계수가 110%이고, 정미시간에 대한 여유율이 20%일 때, 표준시간과 8시간 근무 중 여유시간을 구하시오.

(2) 정미시간에 대한 여유율 20%를 근무시간에 대한 비율로 잘못 인식, 표준시간 계산할 경우 기업과 근로자 중 어느 쪽에 불리하게 되는지 표준시간(분)을 구해서 설명하시오.

(풀이) **표준시간의 계산**

(1) 가. 표준시간(분): 외경법 풀이(정미시간에 대한 비율을 여유율로 사용)

$$표준시간 = 관측시간의 평균 \times \frac{레이팅\ 계수}{100} \times (1 + 여유율)$$

$$= 2.20 \times \frac{110}{100} \times (1 + 0.2) = 2.90$$

나. 8시간 근무 중 PDF 여유시간(분)

표준시간에 대한 여유시간 = 표준시간 − 정미시간 = 2.90 − 2.42 = 0.48

$$표준시간에 대한 여유시간 비율 = \frac{표준시간에 대한 여유시간}{표준시간}$$

$$= \frac{0.48}{2.90} = 0.17$$

따라서, 8시간 근무 중 여유시간 = 480×0.17 = 81.6분

(2) 내경법 풀이(근무시간에 대한 비율을 여유율로 사용)

$$\text{표준시간} = \text{관측시간의 평균} \times \frac{\text{레이팅 계수}}{100} \times \left(\frac{1}{1-\text{여유율}} \right)$$

$$= 2.20 \times \frac{110}{100} \times \left(\frac{1}{1-0.2} \right) = 3.03$$

따라서, 외경법으로 구한 표준시간은 2.90, 여유율을 잘못 인식하여 내경법으로 구한 표준시간은 3.03으로 내경법으로 구한 표준시간이 크므로 기업 쪽에서 불리하다.

18 GOMS 모델의 문제점 3가지를 쓰시오.

풀이 **GOMS 모델의 문제점**

GOMS 모델의 문제점은 다음과 같다.

(1) 이론에 근거한 모델이라 실제적인 상황이 고려되어 있지 않다.

(2) 개인을 고려하고 있어서 집단에 적용하기 어렵다.

(3) 결과가 전문가 수준이므로 다양한 사용자 수준을 고려하지 못한다.

인간공학기사 실기시험 문제풀이 27회⁰⁹¹

1 작업자세 수준별 근골격계 위험 평가를 하기 위한 도구인 RULA(Rapid Upper Limb Assessment)를 적용하는데 따른 분석 절차 부분(4개) 또는 평가에 사용하는 인자(부위)를 5개 이상 열거하시오.

(풀이) **RULA의 평가부위**

RULA의 평가부위는 다음과 같다.
(1) 윗팔
(2) 아래팔
(3) 손목
(4) 목
(5) 몸통
(6) 다리

2 안전 설계 원리의 종류 중 Tamper-proof에 대해 설명하시오.

(풀이) **Tamper-proof**

안전장치를 고의로 제거하는 데 따른 위험을 방지하기 위해 작업자가 안전장치를 고의로 제거하는 경우 제품이 작동되지 않도록 설계하는 개념이다.

3 Barnes의 동작경제 원칙 중 작업장 배치에 관한 원칙을 3가지 이상 열거하시오.

(풀이) **Barnes의 동작경제 원칙 중 작업장 배치에 관한 원칙**

Barnes의 동작경제 원칙 중 작업장 배치에 관한 원칙은 다음과 같다.
(1) 모든 공구와 재료는 일정한 위치에 정돈되어야 한다.
(2) 공구와 재료는 작업이 용이하도록 작업자의 주위에 있어야 한다.
(3) 중력을 이용한 부품상자나 용기를 이용하여 부품을 부품 사용장소에 가까이 보낼 수 있도록 한다.
(4) 가능하면 낙하시키는 방법을 이용하여야 한다.
(5) 공구 및 재료는 동작에 가장 편리한 순서로 배치하여야 한다.
(6) 채광 및 조명장치를 잘 하여야 한다.
(7) 의자와 작업대의 모양과 높이는 각 작업자에게 알맞도록 설계되어야 한다.
(8) 작업자가 좋은 자세를 취할 수 있는 모양, 높이의 의자를 지급해야 한다.

---

4 시간 연구에 의해 구해진 평균 관측시간이 0.8분일 때, 정미시간을 구하시오(단, 작업속도 평가는 Westinghouse 시스템법으로 한다).

숙련도: -0.225,	노력도: $+0.15$
작업조건: $+0.05$,	작업일관성: $+0.03$

(풀이) **웨스팅하우스(Westinghouse) 시스템**

Westinghouse 시스템 평가 계수의 합 = $(-0.225)+0.15+0.05+0.03 = 0.005$
정미시간(NT) = 평균 관측시간×(1+평가 계수들의 합) = $0.8×(1+0.005) = 0.804$분

---

5 인체측정의 방법 중 구조적/기능적 인체치수를 구분하여 표의 빈칸을 알맞게 채우시오.

구분	인체측정 방법
신장	( )
손목 굴곡 범위	( )
수직 파악 한계	( )
정상 작업 영역	( )
대퇴 여유	( )

풀이 인체측정의 방법

구분	인체측정 방법
신장	(구조적 인체치수)
손목 굴곡 범위	(기능적 인체치수)
수직 파악 한계	(구조적 인체치수)
정상 작업 영역	(기능적 인체치수)
대퇴 여유	(구조적 인체치수)

6 작업관리 문제해결 절차 중 다음의 대안도출 방법은 무엇인지 쓰시오.

(1) 구성원 각자가 검토할 문제에 대하여 메모지를 작성

(2) 각자가 작성한 메모지를 오른쪽으로 전달

(3) 메모지를 받은 사람은 내용을 읽은 후 해법을 생각하여 서술하고 다시 오른쪽으로 전달

(4) 자신의 메모지가 돌아올 때까지 반복

풀이 **마인드멜딩(Mindmelding)**

마인드멜딩(Mindmelding)

7 인체측정 자료의 응용원칙 3가지에 대하여 설명하시오.

풀이 **인체측정 자료의 응용원칙**

(1) 평균치를 이용한 설계원칙
    가. 인체측정학 관점에서 볼 때 모든 면에서 보통인 사람이란 있을 수 없다. 따라서, 이런 사람을 대상으로 장비를 설계하면 안된다는 주장에도 논리적 근거가 있다.
    나. 특정한 장비나 설비의 경우, 최대집단값이나 최소집단값을 기준으로 설계하기도 부적절하고 조절식으로 하기도 불가능할 경우 평균값을 기준으로 설계하는 경우가 있다.

(2) 극단치를 이용한 설계원칙
    가. 특정한 설비를 설계할 때, 어떤 인체측정 특성의 한 극단에 속하는 사람을 대상으로 설계하면 거의 모든 사람을 수용할 수 있다.
    나. 최대집단값에 의한 설계

1. 통상 대상 집단에 대한 관련 인체측정변수의 상위 백분위수를 기준으로 하여 90%, 95% 혹은 99% 값이 사용된다.
2. 95% 값에 속하는 큰 사람을 수용할 수 있다면, 이보다 작은 사람은 모두 사용된다.

다. 최소집단값에 의한 설계
1. 관련 인체측정 변수분포의 1%, 5%, 10% 등과 같은 하위 백분위수를 기준으로 정한다.
2. 팔이 짧은 사람이 잡을 수 있다면, 이보다 긴 사람은 모두 잡을 수 있다.

(3) 조절식 설계원칙

가. 체격이 다른 여러 사람에게 맞도록 조절식으로 만드는 것을 말한다. 따라서, 통상 5~95%까지 범위의 값을 수용대상으로 하여 설계한다.

8 한 사이클의 관측평균시간이 10분, 레이팅계수가 120%, 근무시간에 대한 여유율이 10%일 때, 개당 표준시간을 계산하시오. 이때, 여유율을 나타내는 두 가지 방법에 따라 각각 구하시오.

(풀이) **표준시간 구하는 공식**

$$근무여유율 = \frac{여유시간}{근무시간}$$

$$\therefore 여유시간 = 근무여유율 \times 근무시간$$
$$= 10\% \times 480분 = 48분$$

(1) 외경법에 의한 방법

가. $작업여유율 = \dfrac{여유시간}{근무시간 - 여유시간} \times 100$

$$= \frac{48}{480 - 48} \times 100$$

$$= 11.11\%$$

나. 표준시간 = 관측시간×레이팅계수×(1+작업여유율)

$$= 10 \times \frac{120}{100} \times (1 + 0.11)$$

$$= 13.33분$$

(2) 내경법에 의한 방법

가. 근무여유율 = 10%

나. $표준시간 = 관측시간 \times 레이팅계수 \times \left(\dfrac{1}{1 - 근무여유율} \right)$

$$= 10 \times \frac{120}{100} \times \left(1 - \frac{1}{0.1} \right)$$

$$= 13.33분$$

9 전문가가 체크리스트나 평가기준을 가지고 평가대상을 보면서 사용성에 관한 문제점을 찾아 나가는 사용성 평가 방법을 쓰시오.

> **풀이** **휴리스틱 평가법**
>
> 휴리스틱 평가법: 전문가가 평가대상을 보면서 체크리스트나 평가기준을 가지고 평가하는 방법

10 작업 내용을 보고 표의 빈칸에 알맞은 공정기호에 체크하시오.

번호	작업내용	공정기호				
		○	⇨	D	▽	□
1	마모된 버핑힐 바닥에 놓여있음					
2	운반					
3	작업장 대기					
4	접착제 작업					
5	금강사 작업					
6	건조기까지 운반					
7	건조기에 말림					
8	버핑힐 검사					
9	보관					

> **풀이** **공정도**

번호	작업내용	공정기호				
		○	⇨	D	▽	□
1	마모된 버핑힐 바닥에 놓여있음				✓	
2	운반		✓			
3	작업장 대기			✓		
4	접착제 작업	✓				
5	금강사 작업	✓				
6	건조기까지 운반		✓			
7	건조기에 말림	✓				
8	버핑힐 검사					✓
9	보관				✓	

11 수행도 평가에서 객관적 평가법으로 정미시간 산정 시 작업난이도 특성을 평가하는 요소를 3가지 이상 열거하시오.

> **풀이** **정미시간 산정 시 작업난이도 특성을 평가하는 요소**

정미시간 산정 시 작업난이도 특성을 평가하는 요소는 다음과 같다.
(1) 사용 신체부위
(2) 페달 사용여부
(3) 양손 사용여부
(4) 눈과 손의 조화
(5) 취급의 주의 정도
(6) 중량 또는 저항정도

12 사업장에서 산업안전보건법에 의해 근골격계질환 예방·관리 프로그램을 시행해야 하는 2가지 경우에 대하여 쓰시오.

> **풀이** **근골격계질환 예방·관리 프로그램 적용대상**

근골격계질환 예방·관리 프로그램의 시행조건은 다음과 같다.
(1) 근골격계질환으로 업무상 질병을 인정받은 근로자가 연간 10인 이상 발생한 사업장
(2) 근골격계질환으로 업무상 질병을 인정받은 근로자가 5인 이상 발생한 사업장으로서 그 사업장 근로자수의 10% 이상인 경우
(3) 고용노동부 장관이 필요하다고 인정하여 명령한 경우

13 작업개선의 ECRS 원칙에 대하여 설명하시오.

> **풀이** **작업개선의 ECRS 원칙**

작업개선의 ECRS 원칙은 다음과 같다.
(1) Eliminate(제거): 불필요한 작업·작업요소를 제거
(2) Combine(결합): 다른 작업·작업요소와의 결합
(3) Rearrange(재배치): 작업의 순서의 변경
(4) Simplify(단순화): 작업·작업요소의 단순화, 간소화

14 근골격계질환(MSDs)의 요인 중 작업특성 요인을 5가지 이상 열거하시오.

(풀이) **근골격계질환의 원인**

근골격계질환의 원인은 다음과 같다.
(1) 반복성
(2) 부자연스러운/취하기 어려운 자세
(3) 과도한 힘
(4) 접촉스트레스
(5) 진동
(6) 온도, 조명 등 기타 요인

15 여유시간의 종류 중 일반 여유 3가지 분류를 쓰시오.

(풀이) **일반 여유시간의 분류**

일반 여유시간의 분류는 다음과 같다.
(1) 개인여유: 작업자의 생리적·심리적 요구에 의해 발생하는 지연시간
(2) 불가피한 지연여유: 작업자와 관계없이 발생하는 지연시간
(3) 피로여유: 정신적·육체적 피로를 회복하기 위해 부여하는 지연시간

16 근골격계질환의 원인 중 반복 동작에 대한 정의를 알맞게 채우시오.

> 작업의 주기시간(cycle time)이 (   )초 미만이거나, 하루 작업시간 동안 생산율이
> (   ) 단위 이상, 또는 하루 (   )회 이상의 유사동작을 하는 경우

(풀이) **반복성의 기준**

작업의 주기시간(cycle time)이 (30)초 미만이거나, 하루 작업시간 동안 생산율이 (500) 단위 이상, 또는 하루 (20,000)회 이상의 유사동작을 하는 경우

17 손가락 둘레 데이터 20개가 있다. 5퍼센타일의 값을 구하시오(단, 데이터는 정규분포를 따르지 않는다).

5.4	4.0	3.1	5.0	4.5	4.7	6.0	5.1	5.3	3.6
4.2	4.9	5.7	6.4	3.9	4.2	5.1	5.1	5.3	3.9

풀이 **인체측정치의 응용**

20(데이터 개수)×5퍼센타일 = 1, 값이 정수이므로 오름차순으로 1번째 값을 찾는다.
따라서, 5퍼센타일 값은 3.1 이다.

18 다음 각각에 대한 양립성의 형태를 구분하고 그 내용을 설명하시오.

(1) 레버를 올리면 압력이 올라가고, 아래로 내리면 압력이 내려간다.

(2) 오른쪽 스위치를 켜면 오른쪽 전등이 켜지고, 왼쪽 스위치를 켜면 왼쪽 스위치가 켜진다.

풀이 **양립성의 종류**

(1) 운동양립성: 조종기를 조작하여 표시장치상의 정보가 움직일 때 반응결과가 인간의 기대와 양립하는 것
(2) 공간양립성: 공간적 구성이 인간의 기대와 양립하는 것

1 다음은 작업자와 기계 작업시간이다. 한 작업자가 기계 3대를 담당할 때 다음 질문에 답하시오.

> a = 작업자와 기계의 동시작업시간 = 0.12분
> b = 독립적인 작업자 활동시간 = 0.54분
> t = 기계가동시간 = 1.6분

(1) 작업자와 기계 중 어느 쪽에서 유휴시간이 발생하는지 쓰시오.

(2) 발생되는 유휴시간은 얼마인지 쓰시오.

(풀이) **다중활동 분석(multi-activity analysis)**

(1) 작업자와 기계 중 유휴시간이 발생하는 곳

$$n'\,(\text{이론적 기계대수}) = \left(\frac{a+t}{a+b}\right) = \left(\frac{0.12 + 1.6}{0.12 + 0.54}\right) = 2.61$$

따라서, n = 2이면, 작업자의 작업시간에서 유휴시간이 발생하지만, n = 3이므로, 기계에서 유휴시간이 발생한다.

(2) 발생되는 유휴시간

유휴시간 = 사이클 타임(작업자의 작업시간)−기계가동시간−작업자와 기계의 동시작업시간

사이클 타임 = $(n+1)(a+b)$ = 3×(0.12+0.54) = 1.98분

기계가동시간(t) = 1.6분

작업자와 기계의 동시작업시간(a) = 0.12분

유휴시간 = 1.98−1.6−0.12 = 0.26분

따라서, 기계에서 0.26분의 유휴시간이 발생한다.

2 구조적 인체치수와 기능적 인체치수를 설명하고 각각의 예를 드시오.

(풀이) **인체측정의 방법**

(1) 구조적 인체치수(정적측정)

    가. 형태학적 측정이라고도 하며, 표준자세에서 움직이지 않는 피측정자를 인체 측정기로 구조적 인체치수를 측정하여 특수 또는 일반적 용품의 설계에 기초자료로 활용한다.

    나. 사용 인체측정기: 마틴식 인체측정기(Martin type anthropometer)

    다. 측정원칙: 나체측정을 원칙으로 한다.

    라. 예) 구조적 측정치를 응용하여 신장 치수를 이용한 문의 높이 설계

(2) 기능적 인체치수(동적측정)

    가. 동적 인체측정은 일반적으로 상지나 하지의 운동, 체위의 움직임에 따른 상태에서 측정하는 것이다.

    나. 동적 인체측정은 실제의 작업 혹은 실제 조건에 밀접한 관계를 갖는 현실성 있는 인체치수를 구하는 것이다.

    다. 동적측정은 마틴식 계측기로는 측정이 불가능하며, 사진 및 시네마 필름을 사용한 3차원(공간) 해석장치나 새로운 계측 시스템이 요구된다.

    라. 동적측정을 사용하는 것이 중요한 이유는 신체적 기능을 수행할 때, 각 신체 부위는 독립적으로 움직이는 것이 아니라 조화를 이루어 움직이기 때문이다.

    마. 예) 기능적 인체치수를 응용하여 자동차 운전석 설계

3 다음의 각 질문에 답하시오.

(1) %ile 인체치수를 구하는 식을 쓰시오.

(2) A집단의 평균 신장이 170.2 cm, 표준편차가 5.20일 때 신장의 95%ile을 쓰시오 (단, 정규분포를 따르며, $Z_{0.95} = 1.645$이다).

(풀이) **인체측정 자료의 응용원칙**

(1) %ile 인체치수를 구하는 식

    %ile 인체치수 = 평균±표준편차×퍼센타일 계수

(2) 신장의 95%ile

    95%ile 값 = 평균+(표준편차×1.645)

               = 170.2+(5.20×1.645)

               = 178.75

    따라서, 신장의 95%ile은 178.75(cm)이다.

4 가벼운 정도의 힘을 사용하고 정교한 동작을 위한 조절식 입식 작업대를 5~95%ile의 범위로 설계하시오(단, 경사진 작업대를 고려하지 않고, 정규분포를 따르며, $Z_{0.95} = 1.645$이다).

	팔꿈치 높이	어깨 높이
평균	105	138
표준편차	3	4

(풀이) **인체측정 자료의 응용원칙**

입식 작업대의 높이는 팔꿈치 높이를 사용하는 것을 원칙으로 한다.

상한치: 95%ile = 평균+(표준편차×%ile 계수)
　　　　　　 = 105+(3×1.645) = 109.94(cm)
하한치: 5%ile = 평균−(표준편차×%ile 계수)
　　　　　　 = 105−(3×1.645) = 100.07(cm)

따라서, 조절식 입식 작업대의 높이를 100.07~109.94(cm)의 범위로 설계한다.

5 사다리의 한계중량 설계가 아래와 같이 주어졌을 경우 다음의 각 질문에 답하시오(단, $Z_{0.01}$ = 2.326, $Z_{0.05}$ = 1.645).

	평균	표준편차	최대치	최소치
남	70.1 kg	9	93.6 kg	50.9 kg
여	54.8 kg	4.49	77.6 kg	41.5 kg

(1) 한계중량을 설계할 때 적용해야 할 응용원칙과 그 이유를 쓰시오.

(2) 응용한 설계원칙에 따라 계산하시오.

(풀이) **인체측정 자료의 응용원칙**

(1) 가. 응용원칙: 극단적 설계를 이용한 최대 치수 적용
　　 나. 이유: 한계중량을 설계할 때 측정 중량의 최대집단값을 이용하여 설계하면 그 이하의 모든 중량은 수용할
　　　　 수 있기 때문이다.

(2) 설계원칙에 따라 최대집단값을 이용하여 설계하므로,
　　 %ile인체치수 = 평균+(표준편차×%ile) = 70.1+(9×2.326) = 91.03
　　 따라서, 사다리의 한계중량은 91.03 kg이다.

6 A, B 그림을 비교하여 표의 빈칸을 알맞게 채우시오.

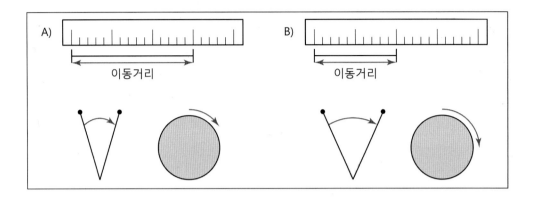

	A	B	
C/R비			크다, 작다, 별 차이 없다
민감도			민감하다, 둔감하다, 별 차이 없다
조종시간			길다, 짧다, 별 차이 없다
이동시간			길다, 짧다, 별 차이 없다

풀이 **조종-반응비율(Control-Response Ratio)**

	A	B	
(1) C/R비	작다	크다	크다, 작다, 별 차이 없다
(2) 민감도	민감하다	둔감하다	민감하다, 둔감하다, 별 차이 없다
(3) 조종시간	길다	짧다	길다, 짧다, 별 차이 없다
(4) 이동시간	짧다	길다	길다, 짧다, 별 차이 없다

(1) C/R비: $C/R비 = \dfrac{\text{조종장치의 움직인 거리}}{\text{표시장치의 이동 거리}}$

　　조종장치의 움직임에 따라 상대적으로 반응거리가 커지면 C/R비가 작다.

(2) 민감도: 조종장치를 조금만 움직여도 표시장치의 지침이 많이 움직이므로 민감하다.

(3) 조종시간: 조종장치를 조금만 움직여도 표시장치 지침의 많은 움직임으로 인하여 조심스럽게 제어하여야 하므로 조종시간이 길다.

(4) 이동시간: 조종장치를 조금만 움직여도 표시장치의 지침이 많이 움직이므로 이동시간이 짧다.

7 그림과 같은 아날로그 악력계가 있다. 다음 각 질문에 답하시오. (단위 생략가능)

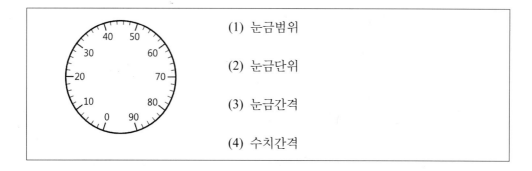

(1) 눈금범위

(2) 눈금단위

(3) 눈금간격

(4) 수치간격

풀이 **정량적 표시장치의 눈금**

(1) 눈금범위: 0∼90

(2) 눈금단위: 2(kg)

(3) 눈금간격: 2

(4) 수치간격: 10

8 RULA의 4가지 행동수준의 총 점수와 개선 필요 여부를 쓰시오.

풀이 **RULA의 조치단계**

조치수준	총 점수	개선 필요 여부
1	1~2	작업이 오랫동안 지속적이고 반복적으로만 행해지지 않는다면, 작업 자세에 대한 개선이 필요하지 않음
2	3~4	작업 자세에 대한 추가적인 관찰이 필요하고, 작업 자세를 변경할 필요가 있음
3	5~6	계속적인 관찰과 작업 자세의 빠른 개선이 요구됨
4	7	작업 자세의 정밀조사와 즉각적인 개선이 요구됨

9 창틀 제조작업에서 5일 동안(40시간) 100개의 창틀을 제작하고 있다. 총 2,000번의 관측 중 아래의 표와 같이 작업별로 관측되었다. 이때 워크샘플링 기법을 적용하여 절단작업의 표준시간을 구하시오(단, 수행도 평가 = 0.9, 여유율 = 0.1, 정미시간 기준).

절 단	1,200
용 접	500
자재취급	200
작업지연	100
총 계	2,000

풀이) **표준시간의 계산**

(1) 정미시간 $= \left(\dfrac{\text{총 관측시간} \times \text{작업시간율}(P)}{\text{생산량}} \right) \times \text{레이팅계수(\%)}$

$= \left\{ \dfrac{(40 \times 60) \times \left(\dfrac{1200}{2000} \right)}{100} \right\} \times 0.9$

$= 14.4 \times 0.9$

$= 12.96$

(2) 표준시간 = 정미시간 × (1+여유율)

$= 12.96 \times (1+0.1)$

$= 14.26(분)$

따라서, 절단작업의 표준시간은 14.26분이다.

10 MTM에서 사용되는 단위인 1 TMU는 몇 초인지 환산하시오.

풀이) **MTM의 시간값**

1 TMU = 0.00001시간 = 0.0006분 = 0.036초
따라서, 1 TMU = 0.036초이다.

11 근골격계질환(MSDs)의 요인 중 작업특성 요인을 5가지 쓰시오.

풀이) **근골격계질환의 요인 중 작업특성 요인**

근골격계질환의 요인 중 작업특성 요인은 다음과 같다.

(1) 반복성
(2) 부자연스런/취하기 어려운 자세
(3) 과도한 힘
(4) 접촉스트레스
(5) 진동
(6) 온도, 조명 등 기타 요인

12 표의 빈칸에 알맞은 서블릭 기호(therblig symbols)를 채우시오.

작업내용	명칭	기호
바지주머니로 손을 뻗침	빈손이동	TE
이동전화기를 잡음	쥐기	
이동전화기를 몸통 앞으로 운반	운반	
이동전화기를 사용하기 위한 지점으로 위치시킴	미리놓기	
전화를 검	사용	
이동전화기를 바지주머니로 운반	운반	
다음 사용을 위해 이동전화기의 방향을 잡음	바로놓기	
이동전화기를 바지주머니에 내려놓음	내려놓기	
원래 위치로 손을 이동	빈손이동	

(풀이) 서블릭 기호

작업내용	명칭	기호
바지주머니로 손을 뻗침	빈손이동	TE
이동전화기를 잡음	쥐기	G
이동전화기를 몸통 앞으로 운반	운반	TL
이동전화기를 사용하기 위한 지점으로 위치시킴	미리놓기	PP
전화를 검	사용	U
이동전화기를 바지주머니로 운반	운반	TL
다음 사용을 위해 이동전화기의 방향을 잡음	바로놓기	P
이동전화기를 바지주머니에 내려놓음	내려놓기	RL
원래 위치로 손을 이동	빈손이동	TE

13 정면에서 상자를 100° 비틀어 옮기는 작업을 8시간 동안 3회 반복할 때, 다음 각 질문에 답하시오.

	시점	종점
발목 가운데에서 손까지의 수평거리	60	70.5
바닥에서 손까지의 수직거리	35	100

(1) HMstart (25/H):

(2) HMend (25/H):

(3) VMstart $(1-(0.003\times|V-75|))$:

(4) VMend $(1-(0.003\times|V-75|))$:

(5) DM (0.82+4.5/D):

(6) AMstart $(1-0.0032\times A)$:

(7) AMend $(1-0.0032\times A)$:

(풀이) **NLE의 상수**

HM	= 25/H(25~63 cm) = 1(H≤25 cm) = 0(H≥63 cm)	start	25/60 = 0.42
		end	70.5 > 63 이므로, 0
VM	= 1−(0.003×|V−75|) (0≤V≤175) = 0(V>175 cm)	start	1−(0.003×|35−75|) = 0.88
		end	1−(0.003×|100−75|) = 0.93
DM	= 0.82+4.5/D (25~175 cm) = 0(D≥175 cm) = 1(D≤25 cm)		0.82+{4.5/(100−35)} = 0.89
AM	= 1−0.0032×A (0°≤A≤135°) = 0 (A>135°)	start	1−0.0032×0 = 1
		end	1−0.0032×100 = 0.68

14 근골격계질환 예방·관리 프로그램의 구성요소 중 4가지를 쓰시오.

> (풀이) **근골격계질환 예방·관리 프로그램의 구성요소**

근골격계질환 예방·관리 프로그램의 구성요소는 다음과 같다.
(1) 유해요인조사
(2) 유해요인 통제(관리)
(3) 의학적 조치
(4) 교육 및 훈련

15 ECRS 원칙 4가지에 대해 각각 설명하시오.

> (풀이) **작업개선의 ECRS 원칙**

(1) 제거(Eliminate): 불필요한 작업, 작업요소의 제거
(2) 결합(Combine): 다른 작업, 작업요소와의 결합
(3) 재배열(Rearrange): 작업순서의 변경
(4) 단순화(Simplify): 작업, 작업요소의 단순화, 간소화

1 다음 제품의 설계 시 인지특성을 고려한 설계원리 중 피드백(feedback) 원칙이 아래 제품에 사용되는 경우를 설명하시오.

(1) 전화기의 피드백

(2) 컴퓨터 키보드의 피드백

(풀이) **사용자 인터페이스의 설계원칙**

(1) 전화기의 피드백
　　가. 촉각적 피드백: 전화기의 번호 버튼을 누를 시 버튼의 유격을 사용자가 촉각으로 느낄 수 있다.

(2) 컴퓨터 키보드의 피드백
　　가. 시각적 피드백: 키보드의 'Num Lock', 'Caps Lock' 등의 기능 작동여부를 불빛의 유무로 사용자에게 알려주는 시각적 피드백이 있다.
　　나. 촉각적 피드백: 키보드의 키를 누를 시 키의 유격을 사용자가 촉각으로 느낄 수 있다.

2 남녀 인체치수가 아래와 같이 주어졌을 경우 아래의 설계치수를 구하시오(단, $Z_{0.05} = -1.65$, $Z_{0.95} = 1.65$).

	남자		여자	
	평균	표준편차	평균	표준편차
키	174.2	5.3	162.3	4.2
어깨 높이	140.1	4.5	132.4	5.5
목 뒤-겨드랑이점	132.7	5.7	120.6	4.3
허리	94.2	3.3	78.1	2.5
팔꿈치	100.6	4.1	88.3	3.4
손 끝	70.3	4.6	58.4	5.2

(1) 조절식 입식 작업대의 상한치와 하한치를 각각 구하시오.

(2) 조절식으로 설계하기 어려움이 있는 경우 작업대 높이를 구하고 타당한 이유를 설명하시오.

(풀이) **인체측정 자료의 응용원칙**

(1) 조절식 입식 작업대의 상한치와 하한치
  가. 상한치: 남자 팔꿈치 높이의 95퍼센타일 = 100.6+(4.1×1.65) = 107.37
  나. 하한치: 여자 팔꿈치 높이의 5퍼센타일 = 88.3-(3.4×165) = 82.69

(2) 조절식으로 설계하기 어려움이 있는 경우 작업대 높이와 타당한 이유
  가. 여자 팔꿈치 높이의 5퍼센타일 = 88.3-(3.4×1.65) = 82.69
  나. 조절식으로 설계하기 어려운 경우 어떤 인체 측정 특성의 한 극단에 속하는 사람을 대상으로 설계하면 거의 모든 사람을 수용할 수 있는 경우에 극단치를 이용한 설계를 한다. 입식작업대의 경우 최소치수를 이용한다면 키가 작은 사람들은 물론 대다수의 사람들이 사용하기에 만족할 것이다.

3 ○○공장에서 다음과 같은 온도계를 생산하여 모두가 불량으로 판정받았다. 다음 질문에 답하시오.

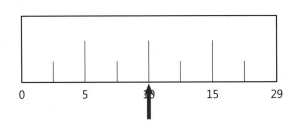

(1) 위의 온도계의 불량 원인 2가지를 쓰시오.

(2) 개선된 온도계를 그리시오.

(풀이) **사용자 인터페이스 설계원칙**

(1) 온도계의 불량 원인
  가. 가시성: 온도를 가리키는 온도계의 바늘이 온도계의 수치를 덮도록 되어 있고, 수치에 맞도록 눈금이 표시 되어 있지 않아 정확한 온도를 측정하기에 어렵다.
  나. 운동양립성: 온도가 올라가고 내려가는 운동방향의 개념과 온도계의 표시장치 간 양립성을 고려하여 세로로 세운 온도계를 고려한다.

(2) 개선된 온도계

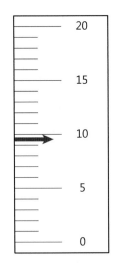

4 아래는 표준시간을 계산하는 표이다. 표의 빈칸을 알맞게 채우시오.

요소 작업	측정횟수										레이팅	정미 시간
	1	2	3	4	5	6	7	8	9	10		
1	1.9	2.0	2.2	1.8	1.9	2.1	2.1	1.8	2.0	2.2	95	
2	3.1	3.2	3.3	3.4	3.0	3.1	3.3	3.4	3.0	3.2	100	
3	2.5	2.4	2.4	2.6	2.6	2.6	2.6	2.4	2.4	2.5	105	
4	2.2	2.3	2.4	2.3	2.3	2.2	2.2	2.4	2.4	2.3	110	
여유시간 • 개인용무 및 피로: 5% • 지연여유: 10%											총 정미시간	
											여유율	
											표준시간	

풀이 **표준시간의 계산**

(1) 정미시간

요소작업	평균시간	정미시간
1	20/10 = 2	2×0.95 = 1.9
2	32/10 = 3.2	3.2×1 = 3.2
3	25/10 = 2.5	2.5×1.05 = 2.625
4	23/10 = 2.3	2.3×1.1 = 2.53

(2) 총 정미시간 = 1.9+3.2+2.625+2.53 = 10.255
(3) 여유율 = 5%+10% = 15%
(4) 표준시간 = 10.255×(1+0.15) = 11.79325 = 11.793

5 아래의 그림은 어느 조립공정의 요소작업을 그림으로 나타낸 것이다. 2시간 동안 50개를 만들어야 한다.

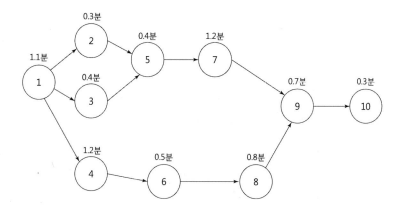

(1) 최소 작업영역은 몇 개이며, 작업장소별로 요소작업은 무엇인지 쓰시오.

(2) 이 작업의 cycle time과 밸런싱 효율을 쓰시오.

풀이 **조립공정의 라인밸런싱**

(1) 최소 작업영역 및 작업장소별 요소작업

가. 최소 작업영역 $= \dfrac{\sum T_i}{\text{사이클 타임}}$ * 여기서 T_i: 각 요소작업장 작업시간

$\sum T_i$ = 1.1+0.3+0.4+1.2+0.4+0.5+1.2+0.8+0.7+0.3 = 6.9(분)

사이클 타임 $= \dfrac{2\text{시간의 생산시간}}{2\text{시간의 생산량}} = \dfrac{120}{50} = 2.4(분)$

$\therefore \dfrac{6.9}{2.4} = 2.875 ≒ 3(개)$

나. 작업장소별 요소작업: 작업순서에 따라 주기시간 2.4분을 넘지 않는 3개의 작업영역으로 나눈다.

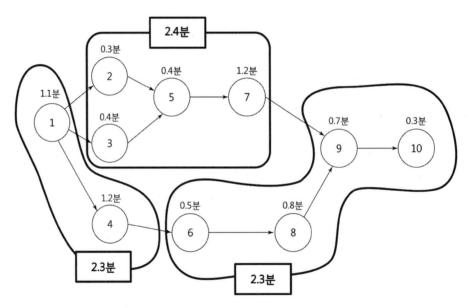

1. 작업장소 1: 요소작업 1, 요소작업 4
2. 작업장소 2: 요소작업 2, 요소작업 3, 요소작업 5, 요소작업 7
3. 작업장소 3: 요소작업 6, 요소작업 8, 요소작업 9, 요소작업 10

(2) 사이클 타임 및 밸런싱 효율

가. 사이클 타임 $= \dfrac{1\text{일의 생산시간}}{1\text{일의 소요량}} = \dfrac{120}{50} = 2.4(분)$

나. 밸런싱 효율 $= \dfrac{\sum T_i}{\text{사이클 타임} \times \text{작업장수}} \times 100(\%)$, *여기서 T_i: 각 요소작업장 작업시간

$= \dfrac{6.9}{2.4 \times 3} \times 100(\%) = 95.83(\%)$

6 택배물의 무게는 9 kg이고, 들기 작업의 데이터가 아래와 같다.

택배물 무게(kg)	A(시점)				B(종점)				빈도 (회)	시간 (분)
	HM	VM	CM	AM	HM	VM	CM	AM		
9	35 cm	65 cm	0.95	1.0	60 cm	141 cm	1.0	0.95	3	80

$$HM = 25/H$$
$$VM = 1-(0.003\times|V-75|)$$
$$DM = 0.82+(4.5/D)$$
$$AM = 1-(0.0032\times A)$$
$$FM = 아래\ 들기빈도\ 표\ 참고$$

들기빈도 F(회/분)	작업시간 LD(Lifting Duration)					
	LD ≤ 1시간		1시간 < LD ≤ 2시간		2시간 < LD	
	V < 75 cm	V ≥ 75 cm	V < 75 cm	V ≥ 75 cm	V < 75 cm	V ≥ 75 cm
< 0.2	1.00	1.00	0.95	0.95	0.85	0.85
0.5	0.97	0.97	0.92	0.92	0.81	0.81
1	0.94	0.94	0.88	0.88	0.75	0.75
2	0.91	0.91	0.84	0.84	0.65	0.65
3	0.88	0.88	0.79	0.79	0.55	0.55

(1) 시점과 종점의 RWL을 구하시오.

시점(RWL)	종점(RWL)

(2) 시점과 종점의 LI를 구하시오.

시점(LI)	종점(LI)

(3) 시점과 종점에 따른 개선여부를 결정하시오.

시점(개선여부)	종점(개선여부)

풀이

(1) 시점과 종점의 RWL

RWL = LC×HM×DM×AM×FM×CM

가. 시점 RWL = $23 \times (25/35) \times \{1 - (0.003 \times |65 - 75|)\} \times (0.82 + 4.5/76) \times 1 \times 0.79 \times 0.95$
　　　　　　 = 10.46 kg

나. 종점 RWL = $23 \times (25/60) \times \{1 - (0.003 \times |141 - 75|)\} \times (0.82 + 4.5/76) \times 0.95 \times 0.79 \times 1$
　　　　　　 = 5.1 kg

(2) 시점과 종점의 LI

$$LI = \frac{작업물 무게}{RWL}$$

가. 시점 LI = $\dfrac{9}{10.46}$ = 0.86

나. 종점 LI = $\dfrac{9}{5.1}$ = 1.76

(3) 시점과 종점의 개선여부

가. 시점: LI가 1보다 작으므로 이 작업은 요통의 발생 위험이 적다. 따라서 개선 없이 작업을 유지하는 것이 좋다.

나. 종점: LI가 1보다 크므로 이 작업은 어느 정도 요통 발생의 발생 위험이 높다. 따라서 들기지수(LI)가 1 이하가 되도록 작업을 설계/재설계할 필요가 있다.

7 A회사의 작업은 자동선반을 이용하여 공작물을 가공하는 작업으로 다음과 같이 이루어진다.

• 자동선반 1회 가공시간	1.6 분
• 완료된 가공물 내려놓고 새 작업물 설치	0.12 분
• 다음 기계로 이동	0.04 분
• 새 작업물 준비	0.50 분

작업자-복수기계 작업분석표(Man-Multi Machine Chart)를 작성하시오.

작업자	기계 1	기계 2

풀이

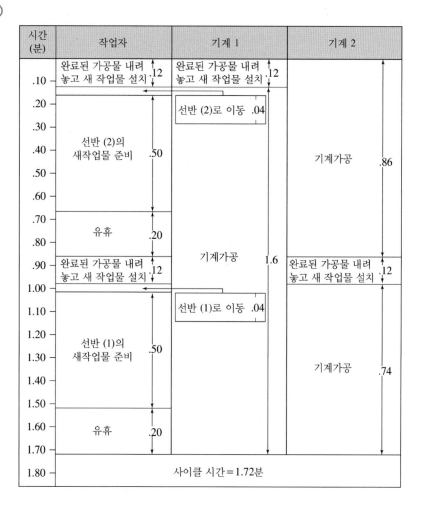

1 다음은 40~49세 한국인 남녀의 앉은 오금 높이에 대한 데이터이다.

분류	남	여
평균	392 mm	363 mm
표준편차	20.6	19.5

(1) "조절식 설계원칙"을 적용하여 의자의 높이를 설계하시오.

　　(단, 신발의 두께는 2.5 cm로 가정, 퍼센타일 값은 결정계수)

퍼센타일	5	10	50	90	95
결정계수	−1.64	−1.28	0	1.28	1.64

(2) 남자의 앉은 오금 높이의 CV(변동계수) 값을 구하시오.

풀이 **인체측정 자료의 응용원칙**

(1) 가. 최소치 설계: 여자의 5퍼센타일 값을 이용
　　　 최소값: 363−(1.64×19.5)+25 = 356.02(mm)
　　 나. 최대치 설계: 남자의 95퍼센타일 값을 이용
　　　 최대값: 392+(1.64×20.6)+25 = 450.78(mm)
　　 따라서, 조절식 범위는 356.02(mm)~450.78(mm)이다.

(2) $CV = \dfrac{표준편차}{평균} \times 100 = \dfrac{20.6}{392} \times 100 = 5.26\%$

2 인체 계측 자료의 응용원칙 중에서 "평균치를 이용한 설계원칙"과 "극단치를 이용한 설계원칙"에 대하여 설명하고, 그 사례를 각각 1가지씩 쓰시오.

> (풀이) **인체측정 자료의 응용원칙**

(1) 평균치를 이용한 설계원칙

    가. 인체측정학 관점에서 볼 때 모든 면에서 보통인 사람이란 있을 수 없다. 따라서, 이런 사람을 대상으로 장비를 설계하면 안된다는 주장에도 논리적 근거가 있다.

    나. 특정한 장비나 설비의 경우, 최대집단값이나 최소집단값을 기준으로 설계하기도 부적절하고 조절식으로 하기도 불가능할 경우 평균값을 기준으로 설계하는 경우가 있다.

    다. 사례: 평균 신장의 손님을 기준으로 만들어진 은행의 계산대가 특별히 키가 작거나 큰 사람을 기준으로 해서 만드는 것보다는 대다수의 일반 손님에게 덜 불편할 것이다.

(2) 극단치를 이용한 설계원칙

    가. 최대집단값에 의한 설계

        1. 통상 대상 집단에 대한 관련 인체측정변수의 상위 백분위수를 기준으로 하여 90%, 95% 혹은 99% 값이 사용된다.

        2. 95% 값에 속하는 큰 사람을 수용할 수 있다면, 이보다 작은 사람은 모두 사용된다.

        3. 사례: 문 탈출구, 통로 등과 같은 공간 여유를 정하거나 줄사다리의 강도 등을 정할 때 사용된다.

    나. 최소집단값에 의한 설계

        1. 관련 인체측정 변수분포의 1%, 5%, 10% 등과 같은 하위 백분위수를 기준으로 정한다.

        2. 팔이 짧은 사람이 잡을 수 있다면, 이보다 긴 사람은 모두 잡을 수 있다.

        3. 사례: 선반의 높이, 조종장치까지의 거리 등을 정할 때 사용된다.

3 중화요리 전문점에서 양파나 단무지에 식초를 넣으려고 할 때 식초와 간장이 동일한 모양과 색상의 용기에 담겨져 있어 실수를 하는 경우가 종종 있다. 이러한 경우 고려되지 않은 인간 공학적 디자인 원리에 대하여 설명하고, 색상을 이용한 개선 방안을 서술하시오.

> (풀이) **사용자 인터페이스 설계원칙**

(1) 문제점: 의미를 바르게 전달할 수 있는 가시성이 결여되어 있다.

(2) 개선방안

    가. 식초와 간장의 용기재질을 속이 보이는 재질로 바꾸어주어 가시성을 높여준다.

    나. 식초의 용기는 식초를 연상케 하는 흰색, 간장의 용기는 간장을 연상케 하는 검은색으로 바꾸어주어 가시성을 높여준다.

4 실내전등의 밝기에 따라 "High, Low, Off"를 전환하기 위한 스위치가 다음과 같이 설계되어 있다면, 이때, 위배된 인간공학적 디자인 설계원리에 대하여 설명하고 그 개선방안을 쓰시오.

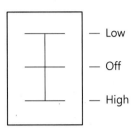

(풀이) **공간양립성**

(1) 문제점: 표시장치와 이에 대응하는 조종장치 간의 실체적 유사성이나 이들의 배열 혹은 비슷한 표시(조종)장치 군들의 배열 등과 관계되는 공간적 양립성이 결여되어 있다.

(2) 개선방안: 밝기의 순으로 High, Low, Off 순으로 위에서 아래로 배열하여 위로 올라갈수록 높은 밝기가 되도록 설계하여 표시장치와 조종장치 간의 실체적 유사성을 높여준다.

5 A회사의 항목별 사고 빈도가 다음과 같다. 점유비율과 누적비율을 기입하고, 파레토그래프를 작성하시오.

〈항목별 사고빈도〉

항목	사고빈도	점유비율	누적비율
A	63		
B	25		
C	7		
D	4		
E	1		

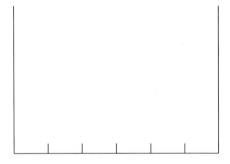

파레토 분석(Pareto analysis)

항목	사고빈도	점유비율	누적비율
A	63	63%	63%
B	25	25%	88%
C	7	7%	95%
D	4	4%	99%
E	1	1%	100%

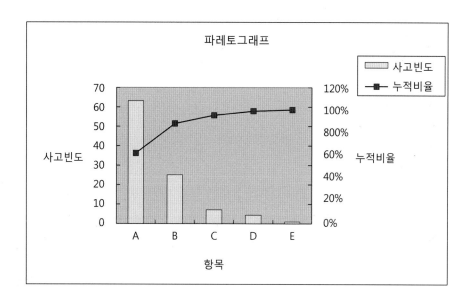

6 위의 작업자 공정도에서 관측시간치의 평균이 0.8분, 레이팅계수는 110%, 여유시간을 8시간 근무 중에서 24분으로 설정한 경우 표준시간을 구하시오.

표준시간의 계산

내경법(근무시간에 대한 표준시간)을 사용하여 표준시간을 계산한다.

$$근무여유율 = \frac{여유시간}{근무시간} = \frac{24}{480} = \frac{1}{20}$$

$$표준시간 = 0.8 \times 1.1 \times \left(\frac{1}{1 - \frac{1}{20}} \right) = 0.8 \times 1.1 \times \frac{20}{19} = 0.93$$

7 작업공정도에 서블릭 영문기호를 채워넣고 비효율적 서블릭 기호를 3가지 적으시오.

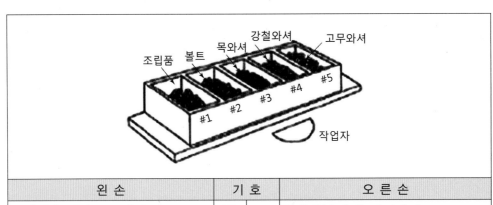

왼 손	기 호		오 른 손
조립품을 상자 1로 운반	TL		목와셔로 손을 가져간다.
부품을 상자에 놓는다.			목와셔를 잡는다.
상자 2의 볼트로 손을 가져간다.		TL	목와셔를 중앙으로 가져온다.
볼트를 잡는다.			
볼트를 중앙으로 가져온다.	TL		목와셔를 바로 놓는다.
			목와셔를 볼트에 조립시킨다.
			강철와셔로 손을 뻗는다.
			강철와셔를 집는다.
		TL	강철와셔를 볼트로 가져온다.
			강철와셔를 바로 놓는다.
볼트를 잡고 있다.	H		강철와셔를 조립한다.
			고무와셔로 손을 뻗는다.
			고무와셔를 집는다.
		TL	고무와셔를 볼트로 가져온다.
			고무와셔를 바로 놓는다.
			고무와셔를 조립한다.
조립완제품을 상자1로 가져간다.	TL		조립품에서 손을 땐다.

서블릭 기호

(1)

왼 손	기 호		오 른 손
조립품을 상자 1로 운반	TL	TE	목와셔로 손을 가져간다.
부품을 상자에 놓는다.	RL	G	목와셔를 잡는다.
상자 2의 볼트로 손을 가져간다.	TE	TL	목와셔를 중앙으로 가져온다.
볼트를 잡는다.	G		
볼트를 중앙으로 가져온다.	TL	P	목와셔를 바로 놓는다.
		A	목와셔를 볼트에 조립시킨다.
		TE	강철와셔로 손을 뻗는다.
		G	강철와셔를 집는다.
		TL	강철와셔를 볼트로 가져온다.
		P	강철와셔를 바로 놓는다.
볼트를 잡고 있다.	H	A	강철와셔를 조립한다.
		TE	고무와셔로 손을 뻗는다.
		G	고무와셔를 집는다.
		TL	고무와셔를 볼트로 가져온다.
		P	고무와셔를 바로 놓는다.
		A	고무와셔를 조립한다.
조립완제품을 상자1로 가져간다.	TL	RL	조립품에서 손을 땐다.

(2) 비효율적 서블릭기호

　　가. H (잡고 있기)

　　나. P (바로 놓기)

　　다. RL (내려 놓기)

8 15 kg의 중량물을 선반 1 위치(27, 60)에서 선반 2 위치(60, 145)로 하루 총 46분 동안 분당 3번씩 들기 작업을 하는 작업자에 대하여 NIOSH 들기 지침에 의하여 분석한 결과를 다음의 단순 들기 작업 분석표와 같이 나타내었다(단, 비대칭 각도 0, 박스의 손잡이는 커플링 'fair'로 간주).

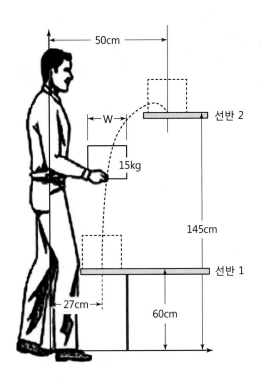

다음 빈칸을 채우시오.

단계 1. 작업변수 측정 및 기록										
중량물 무게		손 위치(cm)				수직거리 (cm)	비대칭 각도(도)		빈도	지속 시간	커플링
		시점		종점			시점	종점	횟수/분	(HRS)	
L(평균)	L(최대)	H	V	H	V	D	A	A	F		C
15	15	27	60	50	145	85	0	0	3	75	fair

단계 2. 계수 및 RWL 계산

시점 RWL =	23	(1)	0.96	0.87	1.0	0.88	0.95	= (2) kg
종점 RWL =	23	0.50	0.79	0.87	1.0	0.88	1.0	= (3) kg

단계 3. 들기지수(LI) 계산

시점 들기지수$(LI) = \dfrac{\text{중량물 무게}}{RWL} = \text{————} = (4)$

종점 들기지수$(LI) = \dfrac{\text{중량물 무게}}{RWL} = \text{————} = (5)$

(1) HM = $\dfrac{25}{27}$ = 0.93

(2) 시점 RWL = 23×0.93×0.96×0.87×1.0×0.88×0.95 = 14.94

(3) 종점 RWL = 23×0.50×0.79×0.87×1.0×0.88×1.0 = 6.96

(4) 시점 LI = $\dfrac{15}{14.94}$ = 1.00

(5) 종점 LI = $\dfrac{15}{6.96}$ = 2.16

1 아래 그림과 같은 정수기가 있다. 이 정수기의 급수구는 왼쪽에서 찬물이 나오고 파란색으로 표시되어 있고, 오른쪽은 뜨거운 물이 나오고 빨간색으로 표시되어 있다. 현재 이 정수기의 설계상의 문제점은 무엇이며, 개선 방법은 무엇인지 서술하시오.

파란색 ········· ········· 빨간색

풀이   **공간양립성과 Fool-proof**

(1) 문제점

　　가. 급수구의 위치 간 공간양립성(spatial compatibility) 위배: 대부분의 정수기의 경우 왼쪽 급수구에서 뜨거운 물이 나오도록 설계되어 있어 공간적인 배치의 양립성에 위배됨으로써, 사용 시 화상 등의 상해를 입을 가능성이 존재한다.

　　나. Fool-proof 설계 결여: 사용자가 뜨거운 물을 급수할 때, 실수로 인한 화상 등의 상해를 예방하기 위한 설계가 필요하다.

(2) 개선방법

　　가. 일반적인 정수기와 동일하게 왼쪽 급수구에서 뜨거운 물이 나오도록 재설계하여 공간양립성을 높인다. 만약, 기타 여건상 불가하다면 사용자의 눈에 띄기 쉬운 곳에 지시 및 경고라벨을 부착하여 사고예방확률을 높인다.

2 어떤 작업자가 급하게 출입문을 향해 뛰어가 출입문의 오른쪽을 밀고 나가려 하였다. 그러나 출입문은 열리지 않았고, 작업자의 손목이 젖혀졌다. 해당 출입문에는 어떠한 표시 및 방향 지시가 없었다. 이 출입문은 문제점이 있다고 판단하고, 개선을 계획하고 있다. 개선에 적용될 설계원칙은 무엇이며, 개선방법은 무엇인지 서술하시오.

(풀이) **사용자 인터페이스 설계원칙**

(1) 설계원칙: 제약과 행동유도성을 고려한 설계원칙
(2) 개선방법: 행동유도성은 행동에 제약을 가하도록 사물을 설계함으로써 특정한 행동만이 가능하도록 유도하는 데서 온다. 예를 들어, 출입문의 손잡이 부분을 옆으로 달아 놓는 것이 아니라 열어야 될 쪽에 위치시켜 상하 방향으로 달아 놓았다면 왼쪽이냐 오른쪽이냐를 놓고 고민할 필요가 없고 사용자의 실수를 줄이고 사고 및 상해를 예방할 수 있다. 또한, 출입문의 개방방향을 장소 및 공간에 적절하게 설계하고, 출입문의 밀고 당기는 방향, 손잡이의 회전 방향 등의 정보가 담긴 지시나 표시(label)를 사용자의 눈에 띄기 쉬운 곳에 부착하는 것이 바람직하다.

3 5개의 가공공정을 거쳐 완성되는 A제품의 경우 제품 단위당 각 공정의 소요시간을 각 10회씩 관측한 자료가 아래 표와 같다. 이 자료를 이용하여 평균시간, 정미시간, 표준시간을 구하시오(단, 여유율은 정미시간에 대한 비율로 산정한다).

No.	관측시간(분)										레이팅계수	여유율
1	2	2.1	1.9	2	2	2	2	1.8	2.2	2	110%	10%
2	1	1	0.9	1.1	1	1	1	0.8	1.2	1	120%	11%
3	2.1	1.9	2	2	1.7	2.3	2	2	2	2	110%	12%
4	2	2	2	2	2	2	2.1	1.9	2	2	130%	11%
5	1.1	0.9	1	1	1	1	1.1	0.9	1	1	110%	10%

(풀이) **표준시간의 계산**

No.	평균시간(분)	정미시간(분)	표준시간(분)
1	20/10 = 2	2×1.1 = 2.2	2.2×(1+0.10) = 2.42
2	10/10 = 1	1×1.2 = 1.2	1.2×(1+0.11) = 1.33
3	20/10 = 2	2×1.1 = 2.2	2.2×(1+0.12) = 2.46
4	20/10 = 2	2×1.3 = 2.6	2.6×(1+0.11) = 2.89
5	10/10 = 1	1×1.1 = 1.1	1.1×(1+0.10) = 1.21

4 ○○회사는 제품을 적재할 수 있는 인간공학적 선반을 설계하려고 한다. 선반의 최대 높이는 작업자의 어깨 높이로 하고, 최소 높이는 무릎 높이로 하고, 선반의 깊이는 팔꿈치까지의 길이로 하려 한다. 이 회사의 홍길동 대리는 인간공학적 설계에 대한 지식이 부족하여 다음과 같이 설계를 하였다. 이를 수정하여 올바르게 설계하시오(단, $Z_{0.05} = -1.65$, $Z_{0.95} = 1.65$).

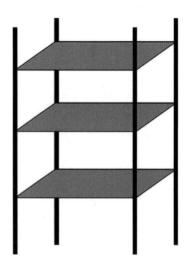

• 인체 치수

		어깨 높이	무릎 높이	팔꿈치까지의 길이
남자	평균	138.71 cm	44.03 cm	32.64 cm
	표준편차	5.03 cm	2.36 cm	1.68 cm
여자	평균	127.51 cm	40.06 cm	29.90 cm
	표준편차	4.38 cm	2.06 cm	1.53 cm

• 홍길동 대리의 설계

	설계원리	설계치수
선반의 최대 높이	남자 50퍼센타일	138.71 cm
선반의 최소 높이	여자 50퍼센타일	40.06 cm
선반의 깊이	남자 50퍼센타일	32.64 cm

인체측정 자료의 응용원칙

수정한 설계는 다음과 같다.

	설계원리	설계치수
선반의 최대 높이	여자 5퍼센타일 (최소집단값에 의한 설계)	$127.51 - (4.38 \times 1.65) = 120.28$ cm
선반의 최소 높이	남자 95퍼센타일 (최대집단값에 의한 설계)	$44.03 + (2.36 \times 1.65) = 47.92$ cm
선반의 깊이	여자 5퍼센타일 (최소집단값에 의한 설계)	$29.90 - (1.53 \times 1.65) = 27.38$ cm

5 다음은 4시간 동안의 작업내용을 Work sampling한 내용이다. 다음 표를 참고하여 아래의 물음에 답하시오.

작업	작업 횟수	팔을 어깨위로 들고 작업하는 횟수	쪼그려 앉아 작업하는 횟수
작업 1	///// /////		
작업 2	///// ///// ///// /////	/////	
작업 3	///// ///// ///// ///// ///// ///// ///// ///// ///// /////	///// ///// /////	///// /////
작업 4	///// /////	///// /////	/////
유휴시간	///// /////		
총계	100회	30회	15회

(1) 위의 내용을 기초로 각 작업에 대한 8시간 동안의 추정 작업시간을 구하시오.

(2) 위의 내용을 기초로 8시간 동안의 다음 작업에 대한 추정 시간을 구하고, 근골격계 부담작업 제3호와 제5호에 해당하는지의 여부를 서술하시오.

풀이 워크샘플링(Work-sampling)법

(1)

작업	작업시간
작업 1	가동률×8시간 = (10회/100회)×8시간 = 0.8시간
작업 2	가동률×8시간 = (20회/100회)×8시간 = 1.6시간
작업 3	가동률×8시간 = (50회/100회)×8시간 = 4.0시간
작업 4	가동률×8시간 = (10회/100회)×8시간 = 0.8시간

(2)

	팔을 어깨위로 드는 작업	쪼그려 앉는 작업
추정 작업 시간	(30회/100회)×8시간 = 2.4시간	(15회/100회)×8시간 = 1.2시간
근골격계 부담작업 해당 여부	2시간 이상이므로 해당됨	2시간 미만이므로 해당 안 됨

6 다음은 ○○공장의 ○○공정 선행도와 작업 내용 및 소요시간을 나타낸 표이다. 아래의 물음에 답하시오.

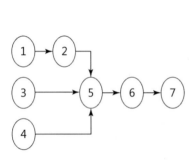

공정	작업 내용	소요시간(분)
1	부품 A를 가공	2
2	가공된 부품 A를 검사	1
3	부품 B를 가공	2
4	부품 C를 가공	2
5	가공된 부품 A, B, C를 조립	2
6	조립 후 품질 확인	1
7	제품 포장	2

(1) 위의 공정에 대한 Gantt Chart를 그리고, 공정을 끝내기 위한 최소 소요시간을 구하시오.

(2) 위의 공정에 대한 작업공정도를 그리시오.

풀이 **Gantt Chart와 작업공정도**

(1) Gantt Chart는 다음과 같다.

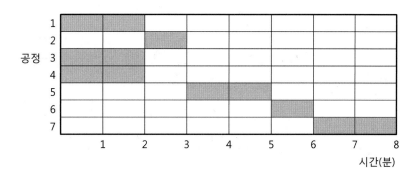

따라서, 최소 소요시간 = 8분이다.

(2) 작업공정도는 다음과 같다.

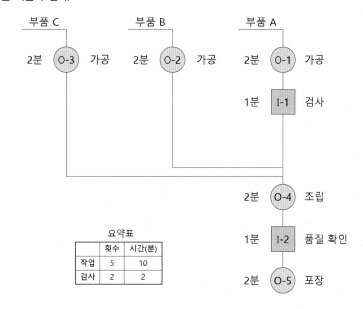

요약표		
	횟수	시간(분)
작업	5	10
검사	2	2

인간공학기사 실기시험 예상문제 1회

1 아래 그림과 같은 정수기가 있다. 이 정수기의 급수구는 왼쪽에서 찬물이 나오고 파란색으로 표시되어 있고, 오른쪽은 뜨거운 물이 나오고 빨간색으로 표시되어 있다. 현재 이 정수기의 설계상의 문제점은 무엇이며, 개선 방법은 무엇인지 서술하시오.

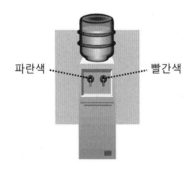

파란색 ········· 빨간색

(풀이) 공간양립성과 Fool-proof

(1) 문제점

　가. 급수구의 위치 간 공간양립성(spatial compatibility) 위배: 대부분의 정수기의 경우 왼쪽 급수구에서 뜨거운 물이 나오도록 설계되어 있어 공간적인 배치의 양립성에 위배됨으로써, 사용 시 화상 등의 상해를 입을 가능성이 존재한다.

　나. Fool-proof 설계 결여: 사용자가 뜨거운 물을 급수할 때, 실수로 인한 화상 등의 상해를 예방하기 위한 설계가 필요하다.

(2) 개선방법

　가. 일반적인 정수기와 동일하게 왼쪽 급수구에서 뜨거운 물이 나오도록 재설계하여 공간양립성을 높인다. 만약, 기타 여건상 불가하다면 사용자의 눈에 띄기 쉬운 곳에 지시 및 경고라벨을 부착하여 사고예방확률을 높인다.

2 자동차로부터 1 m 떨어진 곳에서의 음압수준이 100 dB이라면, 100 m에서의 음압은 몇 dB인지 쓰시오.

> (풀이) **거리에 따른 음의 강도 변화**

$dB_2 = dB_1 - 20\log(d_2/d_1)$

$\quad = 100 - 20\log(100/1)$

$\quad = 60 \ dB$

3 다음 표는 우리나라 산업안전보건법상의 작업종류에 따른 조명수준을 나타낸 것이다. 빈칸을 채우시오.

작업의 종류	작업면 조명도
초정밀 작업	(1)
정밀 작업	(2)
보통 작업	(3)
기타 작업	(4)

> (풀이) **적정조명 수준**

산업안전보건법상의 작업의 종류에 따른 조명수준은 다음과 같다.

(1) 초정밀 작업: 750 lux 이상

(2) 정밀 작업: 300 lux 이상

(3) 보통 작업: 150 lux 이상

(4) 기타 작업: 75 lux 이상

4 특정작업에 대한 60분의 작업 중 3분간의 산소소비량을 측정한 결과 57 L의 배기량에 산소가 14%, 이산화탄소가 6%로 분석되었다. 다음 물음에 답하시오. (단, 공기 중 산소는 21vol%, 질소는 79vol%라고 한다)

(1) 분당 에너지소비량을 구하시오.

(2) 남자와 여자를 구분하여 휴식시간을 계산하시오.

에너지소비량과 휴식시간

(1) 분당 에너지소비량

　가. 분당흡기량: $\dfrac{(100 - O_2\% - CO_2\%)}{N_2\%} \times 분당배기량$

　　　$= \dfrac{(100 - 14\% - 6\%)}{79\%} \times \dfrac{57}{3} = 19.24$ L/min

　나. 산소소비량: $(21\% \times 분당흡기량) - (O_2\% \times 분당배기량)$

　　　　　　　$= (19.24 \times 0.21) - (19 \times 0.14) = 1.38$ L/min

　다. 산소 1L당 열량: 5 kcal/L

　따라서, 분당 에너지소비량 = (5 kcal/L $\times$ 1.38 L/min) = 6.9 kcal/min

(2) 휴식시간

　휴식시간 $R = T \times \dfrac{(E - S)}{(E - 1.5)}$

　　여기서, T: 총 작업시간(분)

　　　　　E: 해당 작업의 에너지소비량(kcal/min)

　　　　　S: 권장 에너지소비량(kcal/min)

　남자: $R = 60 \times \dfrac{(6.9 - 5)}{(6.9 - 1.5)} = 21.1$분

　여자: $R = 60 \times \dfrac{(6.9 - 3.5)}{(6.9 - 1.5)} = 37.78$분

5 촉각을 암호화코딩 할 때 사용되는 요소 3가지를 적으시오.

촉감 코딩

촉감을 코딩할 때 사용되는 요소는 다음과 같다.
(1) 매끄러운 면
(2) 세로 홈
(3) 깔쭉면 표면

6 다음은 40~49세 한국인 남녀의 앉은 오금 높이에 대한 데이터이다.

분류	남	여
평균	392 mm	363 mm
표준편차	20.6	19.5

(1) "조절식 설계원칙"을 적용하여 의자의 높이를 설계하시오.

(단, 신발의 두께는 2.5 cm로 가정, 퍼센타일 값은 결정계수)

퍼센타일	5	10	50	90	95
결정계수	-1.64	-1.28	0	1.28	1.64

(2) 남자의 앉은 오금 높이의 CV(변동계수) 값을 구하시오.

풀이 **인체측정 자료의 응용원칙**

(1) 가. 최소치 설계: 여자의 5퍼센타일 값을 이용

최소값: $363-(1.64\times19.5)+25 = 356.02$(mm)

나. 최대치 설계: 남자의 95퍼센타일 값을 이용

최대값: $392+(1.64\times20.6)+25 = 450.78$(mm)

따라서, 조절식 범위는 356.02(mm)~450.78(mm)이다.

(2) $CV = \dfrac{표준편차}{평균} \times 100 = \dfrac{20.6}{392} \times 100 = 5.26\%$

7 작업개선의 ECRS 원칙 중 3가지를 쓰시오.

풀이 **작업개선의 ECRS 원칙**

작업개선의 ECRS 원칙은 다음과 같다.

(1) Eliminate(제거): 불필요한 작업·작업요소를 제거

(2) Combine(결합): 다른 작업·작업요소와의 결합

(3) Rearrange(재배치): 작업의 순서의 변경

(4) Simplify(단순화): 작업·작업요소의 단순화, 간소화

8 행동유도성에 대하여 설명하시오.

풀이 **행동유도성**

(1) 사물에 물리적, 의미적인 특성을 부여하여 사용자의 행동에 관한 단서를 제공하는 것을 행동유도성 (affordance)이라 한다. 제품에 사용상 제약을 주어 사용 방법을 유인하는 것도 바로 행동유도성에 관련되는 것이다.

(2) 좋은 행동유도성을 가진 디자인은 그림이나 설명이 필요 없이 사용자가 단지 보기만 하여도 무엇을 해야 할지 알 수 있도록 설계되어 있는 것이다. 이러한 행동유도성은 행동에 제약을 가하도록 사물을 설계함으로써 특정한 행동만이 가능하도록 유도하는 데서 온다.

9 A, B 그림을 비교하여 표의 빈칸을 알맞게 채우시오.

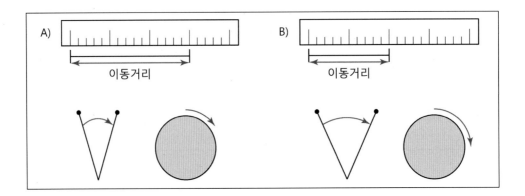

	A	B	
C/R비			크다, 작다, 별 차이 없다
민감도			민감하다, 둔감하다, 별 차이 없다
조종시간			길다, 짧다, 별 차이 없다
이동시간			길다, 짧다, 별 차이 없다

(풀이) **조종-반응비율(Control-Response Ratio)**

	A	B	
(1) C/R비	작다	크다	크다, 작다, 별 차이 없다
(2) 민감도	민감하다	둔감하다	민감하다, 둔감하다, 별 차이 없다
(3) 조종시간	길다	짧다	길다, 짧다, 별 차이 없다
(4) 이동시간	짧다	길다	길다, 짧다, 별 차이 없다

(1) C/R비: C/R비 $= \dfrac{\text{조종장치의 움직인 거리}}{\text{표시장치의 이동 거리}}$

　　조종장치의 움직임에 따라 상대적으로 반응거리가 커지면 C/R비가 작다.

(2) 민감도: 조종장치를 조금만 움직여도 표시장치의 지침이 많이 움직이므로 민감하다.

(3) 조종시간: 조종장치를 조금만 움직여도 표시장치 지침의 많은 움직임으로 인하여 조심스럽게 제어하여야 하므로 조종시간이 길다.

(4) 이동시간: 조종장치를 조금만 움직여도 표시장치의 지침이 많이 움직이므로 이동시간이 짧다.

10 청각적 표시장치를 사용해야 하는 경우를 4가지 쓰시오.

(풀이) **청각장치 사용의 특성**

청각적 표시장치를 사용해야 하는 경우는 다음과 같다.
(1) 전달정보가 간단하고 짧을 때
(2) 전달정보가 후에 재 참조되지 않을 때
(3) 전달정보가 시간적인 사상을 다룰 때
(4) 전달정보가 즉각적인 행동을 요구할 때
(5) 수신자의 시각 계통이 과부하 상태일 때
(6) 수신장소가 너무 밝거나 암조응 유지가 필요할 때
(7) 직무상 수신자가 자주 움직이는 경우

11 Barnes의 동작경제원칙 3가지를 쓰시오.

(풀이) **Barnes의 동작경제의 원칙**

Barnes의 동작경제 원칙은 다음과 같다.
(1) 신체의 사용에 관한 원칙
  가. 양손은 동시에 동작을 시작하고, 또 끝마쳐야 한다.
  나. 휴식시간 이외에 양손이 동시에 노는 시간이 있어서는 안 된다.
  다. 양팔은 각기 반대방향에서 대칭적으로 동시에 움직여야 한다.
  라. 손의 동작은 작업을 원만히 처리할 수 있는 범위 내에서 최소동작등급을 사용하도록 한다. 3등급 동작이 손가락만의 동작보다 정확하고 덜 피곤하기 때문에 경작업의 경우에는 3등급 동작이 바람직하다.
  마. 작업자들을 돕기 위하여 동작의 관성을 이용하여 작업하는 것이 좋다.
  바. 구속되거나 제한된 동작 또는 급격한 방향 전환보다는 유연한 동작이 좋다.
  사. 작업동작은 율동이 맞아야 한다.
  아. 직선동작보다는 연속적인 곡선동작을 취하는 것이 좋다.
  자. 탄도동작(ballistic movement)은 제한되거나 통제된 동작보다 더 신속·정확·용이하다.

(2) 작업역의 배치에 관한 원칙
  가. 모든 공구와 재료는 일정한 위치에 정돈되어야 한다.
  나. 공구와 재료는 작업이 용이하도록 작업자의 주위에 있어야 한다.
  다. 중력을 이용한 부품상자나 용기를 이용하여 부품을 부품 사용 장소에 가까이 보낼 수 있도록 한다.
  라. 가능하면 낙하시키는 방법을 이용하여야 한다.

마. 공구 및 재료는 동작에 가장 편리한 순서로 배치하여야 한다.

바. 채광 및 조명장치를 잘 하여야 한다.

사. 의자와 작업대의 모양과 높이는 각 작업자에게 알맞도록 설계되어야 한다.

아. 작업자가 좋은 자세를 취할 수 있는 모양, 높이의 의자를 지급해야 한다.

(3) 공구 및 설비의 설계에 관한 원칙

가. 치구, 고정장치나 발을 사용함으로써 손의 작업을 보존하고 손은 다른 동작을 담당하도록 하면 편리하다.

나. 공구류는 될 수 있는 대로 두 가지 이상의 기능을 조합한 것을 사용하여야 한다.

다. 공구류 및 재료는 될 수 있는 대로 다음에 사용하기 쉽도록 놓아두어야 한다.

라. 각 손가락이 사용되는 작업에서는 각 손가락의 힘이 같지 않음을 고려하여야 할 것이다.

마. 각종 손잡이는 손에 가장 알맞게 고안함으로써 피로를 감소시킬 수 있다.

바. 각종 레버나 핸들은 작업자가 최소의 움직임으로 사용할 수 있는 위치에 있어야 한다.

12 무릎을 구부리고 2시간 이상 용접작업 시행의 경우 유해요인을 아래와 같이 지적한 경우 각각의 대책을 1가지씩 제시하시오.

(1) 부자연스런 자세

(2) 무릎의 접촉스트레스

(3) 손목, 어깨의 반복적 스트레스

(4) 장시간 유해요인 노출시간

(풀이) **유해요인의 공학적 개선**

(1) 부자연스런 자세: 높낮이 조절 가능한 작업대의 설치

(2) 무릎의 접촉스트레스: 무릎보호대의 착용

(3) 손목, 어깨의 반복적 스트레스: 자동화 기기나 설비도입

(4) 장시간 유해요인 노출시간: 환기, 적절한 휴식시간, 작업확대, 작업교대

13 NIOSH Lifting Equation의 들기계수 6가지를 기술하시오.

> (풀이) **NLE(NIOSH Lifting Equation)**

NIOSH Lifting Equation의 들기계수는 다음과 같다.
(1) HM(수평계수, Horizontal Multiplier)
(2) VM(수직계수, Vertical Multiplier)
(3) DM(거리계수, Distance Multiplier)
(4) AM(비대칭계수, Asymmetric Multiplier)
(5) FM(빈도계수, Frequency Multiplier)
(6) CM(결합계수, Coupling Multiplier)

14 OWAS의 조치단계 분류 4가지를 설명하시오.

> (풀이) **OWAS 조치단계 분류**

OWAS의 조치단계 분류는 다음과 같다.
(1) Action Category 1: 이 자세에 의한 근골격계 부담은 문제없다. 개선 불필요하다.
(2) Action Category 2: 이 자세는 근골격계에 유해하다. 가까운 시일 내에 개선해야 한다.
(3) Action Category 3: 이 자세는 근골격계에 유해하다. 가능한 한 빠른 시일 내에 개선해야 한다.
(4) Action Category 4: 이 자세는 근골격계에 매우 유해하다. 즉시 개선해야 한다.

15 부품배치의 원칙 4가지를 쓰시오.

> (풀이) **구성요소(부품) 배치의 원칙**

부품배치의 원칙 4가지는 다음과 같다.
(1) 중요성의 원칙
(2) 사용빈도의 원칙
(3) 기능별 배치의 원칙
(4) 사용순서의 원칙

16 다음은 합성평가법을 나타낸 표이며, 레이팅계수를 구하시오.

요소작업	관측시간 평균	작업요소	PTS를 적용한 시간치	레이팅계수
1	0.22	인적요소	0.096	
2	0.34	인적요소		
3	0.11	인적요소		
4	0.54	인적요소		
5	0.41	인적요소	0.64	
6	0.09	인적요소		
7	0.23	인적요소		
8	0.20	기계요소		
9	0.31	인적요소		
10	0.37	인적요소		
11	0.42	인적요소		

(풀이) **합성평가법(synthetic rating)**

(1) 합성평가법: 레이팅 시 관측자의 주관적 판단에 의한 결함을 보정하고, 일관성을 높이기 위해 제안되었다.
(2) 레이팅계수 = PTS를 적용하여 산정한 시간치/실제 관측 평균치

요소작업	관측시간 평균	작업요소	PTS를 적용한 시간치	레이팅계수
1	0.22	인적요소	0.096	0.44
2	0.34	인적요소		
3	0.11	인적요소		
4	0.54	인적요소		
5	0.41	인적요소	0.64	1.56
6	0.09	인적요소		
7	0.23	인적요소		
8	0.20	기계요소		
9	0.31	인적요소		
10	0.37	인적요소		
11	0.42	인적요소		

17 근골격계질환(MSDs)의 요인 중 작업특성 요인을 5가지 쓰시오.

> (풀이) **근골격계질환의 요인 중 작업특성 요인**
>
> 근골격계질환의 요인 중 작업특성 요인은 다음과 같다.
> (1) 반복성
> (2) 부자연스런/취하기 어려운 자세
> (3) 과도한 힘
> (4) 접촉스트레스
> (5) 진동
> (6) 온도, 조명 등 기타 요인

18 세탁기 작동 중에 세탁기의 문을 열었을 때 세탁기를 멈추게 하는 강제적인 기능과 그 기능의 설명을 쓰시오.

(1) 강제적인 기능:

(2) 기능의 설명:

> (풀이) **Interlock system**
>
> (1) Interlock system
> (2) 기계의 위험부분에 설치하는 안전커버 등이 개방되면 그 기계를 가동할 수 없도록 하거나, 안전장치 등이 정상적으로 사용되지 못하면 기계를 작동할 수 없도록 함

인간공학기사 실기시험 예상문제 2회

1 실내전등의 밝기에 따라 "High, Low, Off"를 전환하기 위한 스위치가 다음과 같이 설계되어 있다면, 이때 위배된 인간공학적 디자인 설계원리에 대하여 설명하고 그 개선방안을 쓰시오.

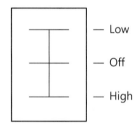

— Low

— Off

— High

(풀이) **공간양립성**

(1) 문제점: 표시장치와 이에 대응하는 조종장치 간의 실체적 유사성이나 이들의 배열 혹은 비슷한 표시(조종)장치 군들의 배열 등과 관계되는 공간적 양립성이 결여되어 있다.

(2) 개선방안: 밝기의 순으로 High, Low, Off 순으로 위에서 아래로 배열하여 위로 올라갈수록 높은 밝기가 되도록 설계하여 표시장치와 조종장치 간의 실체적 유사성을 높여준다.

2 다음의 각 질문에 답하시오.

(1) %ile 인체치수를 구하는 식을 쓰시오.

(2) A집단의 평균 신장이 170.2 cm, 표준편차가 5.20일 때 신장의 95%ile을 쓰시오 (단, 정규분포를 따르며, $Z_{0.95} = 1.645$이다).

(풀이) **인체측정 자료의 응용원칙**

(1) %ile 인체치수를 구하는 식

%ile 인체치수 = 평균±표준편차×퍼센타일 계수

(2) 신장의 95%ile

95%ile 값 = 평균+(표준편차×1.645) = 170.2+(5.20×1.645) = 178.75

따라서, 신장의 95%ile은 178.75(cm)이다.

3 인체측정 자료의 응용원칙 3가지에 대하여 설명하시오.

(풀이) **인체측정 자료의 응용원칙**

인체측정 자료를 이용한 설계원리는 다음과 같다.

(1) 평균치를 이용한 설계원칙

가. 인체측정학 관점에서 볼 때 모든 면에서 보통인 사람이란 있을 수 없다. 따라서, 이런 사람을 대상으로 장비를 설계하면 안 된다는 주장에도 논리적 근거가 있다.

나. 특정한 장비나 설비의 경우, 최대집단값이나 최소집단값을 기준으로 설계하기도 부적절하고 조절식으로 하기도 불가능할 경우 평균값을 기준으로 설계한다.

(2) 극단치를 이용한 설계원칙

가. 특정한 설비를 설계할 때, 어떤 인체측정 특성의 한 극단에 속하는 사람을 대상으로 설계하면 거의 모든 사람을 수용할 수 있다.

나. 최대집단값에 의한 설계

① 통상 대상 집단에 대한 관련 인체측정변수의 상위 백분위수를 기준으로 하여 90%, 95% 혹은 99% 값이 사용된다.

② 95% 값에 속하는 큰 사람을 수용할 수 있다면, 이보다 작은 사람은 모두 사용된다.

다. 최소집단값에 의한 설계

① 관련 인체측정 변수분포의 1%, 5%, 10% 등과 같은 하위 백분위수를 기준으로 정한다.

② 팔이 짧은 사람이 잡을 수 있다면, 이보다 긴 사람은 모두 잡을 수 있다.

(3) 조절식 설계원칙

가. 체격이 다른 여러 사람에게 맞도록 조절식으로 만드는 것을 말한다. 따라서, 통상 5~95%까지 범위의 값을 수용대상으로 하여 설계한다.

4 정상작업영역, 최대작업영역을 설명하시오.

(풀이) **작업공간**

(1) 정상작업영역: 상완을 자연스럽게 수직으로 늘어뜨린 채, 전완만으로 편하게 뻗어 파악할 수 있는 구역 (34~45 cm)이다.

(2) 최대작업영역: 전완과 상완을 곧게 펴서 파악할 수 있는 구역(55~65 cm)이다.

5 아래 표의 자극정보량(bit)과 반응정보량(bit)을 구하시오.

구분	통과	정지
빨강	3	2
파랑	5	0

풀이　**정보의 전달량**

(1) 자극정보량: $0.5\log_2\left(\dfrac{1}{0.5}\right) + 0.5\log_2\left(\dfrac{1}{0.5}\right) = 1$

(2) 반응정보량: $0.8\log_2\left(\dfrac{1}{0.8}\right) + 0.2\log_2\left(\dfrac{1}{0.2}\right) = 0.2575 + 0.4644 = 0.7219$

6 평균관측시간 10분, 수행도 120%, 여유율 10%일 때 표준시간을 구하시오.

풀이　**표준시간의 계산**

외경법에 의한 표준시간은 다음과 같다.
(1) 정미시간(NT) = 평균관측시간×수행도
　　　　　　　 = 10분×1.2
　　　　　　　 = 12분

(2) 표준시간(ST) = 정미시간×(1+여유율)
　　　　　　　　 = 12×(1+0.1)
　　　　　　　　 = 13.2분

7 Murell의 휴식시간 공식을 쓰고 용어와 공식을 설명하고, 휴식시간과 작업시간을 구하시오 (작업 시 에너지소비량: 6 kcal/min, 권장 평균 에너지소비량: 5 kcal/min).

풀이　**휴식시간의 산정**

휴식시간 $R = T\dfrac{(E-S)}{(E-1.5)}$

　　　여기서, T: 총 작업시간(분)
　　　　　　 E: 해당 작업의 에너지소비량(kcal/min)
　　　　　　 S: 권장 에너지소비량(kcal/min)

휴식시간: $480\dfrac{(6-1)}{(6-1.5)} = 106.67$분

작업시간: 480−휴식시간 = 480−106.67 = 373.33분

8 Phon과 Sone을 정의하고, 80 dB, 1,000 Hz의 Phon과 Sone 값은 얼마인지 쓰시오.

[풀이] Phon과 Sone

(1) Phon: 어떤 음의 음량수준을 나타내는 Phon값은 이 음과 같은 크기로 들리는 1,000 Hz 순음의 음압수준(dB)을 의미한다.

(2) Sone: 다른 음의 상대적인 주관적 크기를 평가하기 위한 음량 척도로 40 dB의 1,000 Hz 순음의 크기(40 Phon)를 1 Sone이라 한다.

(3) 80 dB 1,000 Hz의 Phon값: 어떤 음의 음량 수준을 나타내는 Phon값은 이 음과 같은 크기로 들리는 1,000 Hz 순음의 음압 수준(dB)을 의미한다. 따라서, 80 dB의 1,000 Hz는 80 Phon이 된다.

(4) 80 dB 1,000 Hz의 Sone값: $2^{(phon값-40)/10} = 2^{(80-40)/10} = 16$ Sone

9 부품배치의 원칙 4가지를 쓰시오.

[풀이] 부품배치의 원칙

부품배치의 원칙 4가지는 다음과 같다.
(1) 중요성의 원칙: 부품을 작동하는 성능이 체계의 목표 달성에 긴요한 정도에 따라 우선순위를 설정한다.
(2) 사용빈도의 원칙: 부품을 사용하는 빈도에 따라 우선순위를 설정한다.
(3) 기능별 배치의 원칙: 기능적으로 관련된 부품들(표시장치, 조종장치 등)을 모아서 배치한다.
(4) 사용순서의 원칙: 사용 순서에 따라 장치들을 가까이에 배치한다.

10 제이콥 닐슨의 사용성 정의 5가지를 서술하시오.

[풀이] 닐슨(Nielsen)의 사용성 정의

제이콥 닐슨(J. Nielsen)의 사용성 속성(척도)은 다음과 같다.
(1) 학습용이성(Learnability): 초보자가 제품의 사용법을 얼마나 배우기 쉬운가를 나타낸다.
(2) 효율성(Efficiency): 숙련된 사용자가 원하는 일을 얼마나 빨리 수행할 수 있는가를 나타낸다.
(3) 기억용이성(Memorability): 오랜만에 다시 사용하는 재사용자들이 사용방법을 얼마나 기억하기 쉬운가를 나타낸다.
(4) 에러 빈도 및 정도(Error Frequency and Severity): 사용자가 에러를 얼마나 자주 하는가와 에러의 정도가 큰지 작은지 여부, 그리고 에러를 쉽게 만회할 수 있는지를 나타낸다.

(5) 주관적 만족도(Subjective Satisfaction): 제품에 대해 사용자들이 얼마나 만족하게 느끼고 있는가를 나타낸다.

11 고속도로 표지판에 글자를 15 m에서 높이가 2.5 cm인 글자를 보았다. 문자의 높이와 굵기의 비율이 5 : 1일 때, 다음 물음에 답하시오.

    (1) 15 m에서 글자를 볼 때의 시각을 구하시오(단, 소수 셋째 자리까지 구하시오).

    (2) 60 m에서 글자를 볼 경우 문자의 높이를 구하시오.

    (3) 글자의 굵기를 구하시오.

> **풀이** **최소가분시력**
>
> (1) 시각$(')$ = $\dfrac{(57.3)(60)H}{D}$ = $\dfrac{(57.3)(60)2.5}{1500}$ = 5.730
>
> (2) 15 m에서 문자의 높이가 2.5 cm이므로 15 : 2.5 = 60 : x, x = 10 cm
>   따라서, 60 m에서의 문자 높이는 10 cm이다.
>
> (3) 높이와 굵기의 비율이 5:1이므로 굵기는 2 cm이다.

12 근골격계질환 예방·관리 프로그램의 시행조건을 기술하시오(단, 고용노동부 장관이 필요하다고 인정하여 근골격계질환 예방·관리 프로그램을 수립하여 시행할 것을 명령한 경우는 제외).

> **풀이** **근골격계질환 예방·관리 프로그램 적용대상**
> 근골격계질환 예방·관리 프로그램의 시행조건은 다음과 같다.
> (1) 근골격계질환으로 업무상 질병을 인정받은 근로자가 연간 10인 이상 발생한 사업장
> (2) 근골격계질환으로 업무상 질병을 인정받은 근로자가 5인 이상 발생한 사업장으로서 그 사업장 근로자수의 10% 이상인 경우

13 문제를 보고 괄호 안에 알맞은 단어를 ○표 하시오.

> 정신적 부하가 증가하면 부정맥 지수가 (증가 , 감소)하며, 정신적 부하가 감소하면 점멸융합주파수가 (증가 , 감소)한다.

풀이 정신작업 부하평가

정신적 부하가 증가하면 부정맥 지수가 (감소)하며, 정신적 부하가 감소하면 점멸융합주파수가 (증가)한다.

14 VDT 작업의 설계와 관련하여 다음 빈칸을 채우시오.

(1) 눈과 모니터와의 거리는 최소 (   )cm 이상이 확보되도록 한다.

(2) 팔꿈치의 내각은 (   )° 이상 되어야 한다.

(3) 무릎의 내각은 (   )° 전후가 되도록 한다.

풀이 VDT 작업의 작업자세

(1) 눈과 모니터와의 거리는 최소 (40)cm 이상이 확보되도록 한다.
(2) 팔꿈치의 내각은 (90)° 이상 되어야 한다. 조건에 따라 70° ~ 135° 까지 허용 가능해야 한다.
(3) 무릎의 내각은 (90)° 전후가 되도록 한다.

15 근골격계 부담작업에 대하여 다음 빈칸을 채우시오.

(1) 하루에 (   )시간 이상 집중적으로 자료입력 등을 위해 키보드 또는 마우스를 조작하는 작업이다.

(2) 하루에 총 (   )시간 이상 목, 어깨, 팔꿈치, 손목 또는 손을 사용하여 같은 동작을 반복하는 작업이다.

(3) 하루에 (   )회 이상 25 kg 이상의 물체를 드는 작업이다.

(4) 하루에 (   )회 이상 10 kg 이상의 물체를 무릎 아래에서 들거나, 위에서 들거나 팔을 뻗은 상태에서 드는 작업이다.

풀이 근골격계 부담작업

(1) 하루에 (4)시간 이상 집중적으로 자료입력 등을 위해 키보드 또는 마우스를 조작하는 작업이다.
(2) 하루에 총 (2)시간 이상 목, 어깨, 팔꿈치, 손목 또는 손을 사용하여 같은 동작을 반복하는 작업이다.
(3) 하루에 (10)회 이상 25 kg 이상의 물체를 드는 작업이다.
(4) 하루에 (25)회 이상 10 kg 이상의 물체를 무릎 아래에서 들거나, 위에서 들거나 팔을 뻗은 상태에서 드는 작업이다.

16 수행도 평가기법인 Westinghouse 시스템에서 종합적 평가요소 3가지를 쓰시오.

> (풀이) **웨스팅하우스(Westinghouse) 시스템**

Westinghouse 시스템에서의 종합적 평가요소는 다음과 같다.
(1) 숙련도(Skill): 경험, 적성 등의 숙련된 정도
(2) 노력도(Effort): 마음가짐
(3) 작업 환경(Condition): 온도, 진동, 조도, 소음 등의 작업장 환경
(4) 일관성(Consistency): 작업시간의 일관성 정도

17 권장무게한계(RWL)가 7.8 kg, 포장박스의 무게가 10.3 kg일 때 LI 지수를 구하고 작업조건 평가를 하시오.

> (풀이) **RWL과 LI**

(1) LI 지수 = 작업물 무게/RWL
     = 10.3 kg/7.8 kg
     = 1.32

(2) 평가: LI가 1보다 크므로 이 작업은 요통발생의 발생위험이 높다. 따라서 들기 지수(LI)가 1 이하가 되도록 작업을 설계/재설계할 필요가 있다.

18 제조물책임(PL)법에서의 대표적인 3가지 결함을 쓰시오.

> (풀이) **제조물책임법에서의 결함**

(1) 제조상의 결함: 제품의 제조과정에서 발생하는 결함으로, 원래의 도면이나 제조방법대로 제품이 제조되지 않았을 때도 여기에 해당된다.

(2) 설계상의 결함: 제품의 설계 그 자체에 내재하는 결함으로 설계대로 제품이 만들어졌다고 하더라도 결함으로 판정되는 경우이다.

(3) 지시·경고상의 결함: 제품이 설계와 제조과정에서 아무런 결함이 없다 하더라도 소비자가 사용상의 부주의나 부적당한 사용으로 발생할 위험에 대비하여 적절한 사용 및 취급 방법 또는 경고가 포함되어 있지 않을 때이다.

인간공학기사 실기시험 예상문제 3회

1 다음의 문 손잡이의 설계는 어떤 원리를 적용하여 개선한 것인지 정의하고 서술하시오.

개선 전

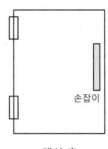

개선 후

(풀이) **사용자 인터페이스 설계원칙**

(1) 설계원칙: 제약과 행동 유도성을 고려한 설계원리

(2) 서술: 출입문의 손잡이에서 사용자에게 문을 여는 것에 대해 제공하고 있는 단서가 없다면, 사용자는 출입문을 왼쪽으로 열어야 할까, 아니면 오른쪽으로 열어야 할까 고민을 하게 된다. 행동유도성은 행동에 제약을 가하도록 사물을 설계함으로써 특정한 행동만이 가능하도록 유도하는 데서 온다. 예를 들어, 출입문의 손잡이 부분을 옆으로 달아 놓은 것이 아니라 열어야 할 쪽에 위치시켜 상하 방향으로 달아 놓았다면 왼쪽이냐 오른쪽이냐를 놓고 고민할 필요가 없고 사용자의 실수를 줄이고 사고 및 상해를 예방할 수 있다. 또한 출입문의 개방 방향을 장소 및 공간에 적절하게 설계하고, 출입문의 밀고 당기는 방향, 손잡이의 회전 방향 등의 정보가 담긴 지시나 표시(label)를 사용자의 눈에 띄기 쉬운 곳에 부착하는 것이 바람직하다.

2 프레스 작업자가 작업장에서 8시간 동안 95 dB의 소음에 노출되고 있으며, 조도수준 100 lux인 작업장에서 작업을 실시하고 있다. 다음 물음에 알맞게 답하시오.

(1) 위와 같은 정밀 작업 시 적절한 조도수준을 쓰시오.

(2) 위와 같은 소음조건에서 작업 시 소음에 허용 가능한 노출 시간은 몇 시간 인지 쓰시오.

(3) 위와 같은 작업시간에서 작업 시 소음은 몇 dB 이하로 해야 하는지 쓰시오.

(4) 프레스의 방호장치 3가지를 쓰시오.

(풀이) **조도, 소음, 방호장치**

(1) 정밀 작업 시 300 lux 이상
   – 적정 조명 수준

작업의 종류	작업면 조명도
초정밀 작업	750 lux 이상
정밀 작업	300 lux 이상
보통 작업	150 lux 이상
기타 작업	75 lux 이상

(2) 95 dB의 소음 조건에서 작업 시 허용기준은 4시간 미만
   – 소음의 허용기준

1일 폭로시간	허용 음압 dB(A)
8	90
4	95
2	100
1	105
1/2	110
1/4	115

(3) 8시간 소음에 노출 시 허용음압은 90 dB 이하

(4) 가드식, 수인식, 손쳐내기식, 양수조작식, 감응식

3 Fail-safe에 관하여 설명하시오.

> **풀이** **Fail-safe**

기계의 동작상 실패가 있어도 안전사고를 발생시키지 않도록 2중 또는 3중으로 통제를 가하는 것을 말한다. 페일(Fail)이란 이 경우에서 기계가 잘 작동하지 않는 것, 결국 고장으로 한정해서 사용한다.

4 동전을 3번 던졌을 때 뒷면이 2번 나오는 경우, 정보량은 얼마인지 계산하시오.

> **풀이** **정보량**

$$H = \frac{1}{8} \times \log_2 \left(\frac{1}{\frac{1}{8}} \right) + \frac{1}{8} \times \log_2 \left(\frac{1}{\frac{1}{8}} \right) + \frac{1}{8} \times \log_2 \left(\frac{1}{\frac{1}{8}} \right)$$

$$= 1.125 \text{ bit}$$

5 PL법에서 손해배상책임을 지는 자가 책임을 면하기 위해 입증하여야 하는 사실 3가지를 쓰시오.

> **풀이** **제조물책임이 면책되는 경우**

PL법에서 손해배상책임을 지는 자가 책임을 면하기 위해 입증하여야 하는 사실은 다음과 같다.
(1) 제조업자가 당해 제조물을 공급하지 아니한 사실
(2) 제조업자가 당해 제조물을 공급한 때의 과학·기술 수준으로는 결함의 존재를 발견할 수 없었다는 사실
(3) 제조물의 결함이 제조업자가 당해 제조물을 공급할 당시의 법령이 정하는 기준을 준수함으로써 발생한 사실
(4) 원재료 또는 부품의 경우에는 당해 원재료 또는 부품을 사용한 제조물 제조업자의 설계 또는 제작에 관한 지시로 인하여 결함이 발생하였다는 사실

6 다음 물음에 답하시오.

(1) 조종장치의 손잡이 길이가 15 cm이고, 20°를 움직였을 때 표시장치에서 3 cm가 이동하였다. C/R비와 적합성을 판정하시오.

(2) 5 m 거리에서 볼 수 있는 낮은 조명에서 눈금의 최소간격은 얼마인지 구하시오.

(1) C/R비 $= \dfrac{(a/360) \times 2\pi L}{\text{표시장치의 이동거리}} = \dfrac{(20/360) \times 2 \times 3.14 \times 15 \text{ cm}}{3 \text{ cm}} = 1.74$

조종간의 경우 2.5~4.0이 최적의 C/R비이므로 1.74는 부적합하다.

(2) 정상 시거리인 71 cm를 기준으로 정상 조명에서는 1.3 mm, 낮은 조명에서는 1.8 mm가 권장된다.

71 cm: 1.8 mm = 5 m: x

$x = \dfrac{1.8 \times 5000}{710}$

따라서, $x = 12.68$ mm

---

7 전력공급 차단을 대비하기 위해 전력공급 기계장치의 Backup software가 존재한다. 전력 공급사의 작업자 오류발생 확률이 10%, 전력공급 기계장치 자체의 오작동 발생 확률이 5%이고 Backup software의 오작동 발생 확률이 10% 일 때, 전체 시스템 신뢰도 R을 구하시오(단, 소수 넷째 자리까지 쓰시오).

풀이 설비의 신뢰도

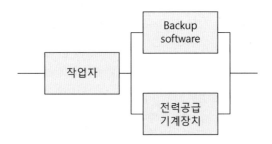

신뢰도 R = 0.9×{1−(1−0.9)×(1−0.95)} = 0.8955

---

8 점멸융합주파수(CFF)에 대해 설명하시오.

풀이 점멸융합주파수

빛을 일정한 속도로 점멸시키면 깜박거려 보이나 점멸의 속도를 빨리하면 깜빡임이 없고 융합되어 연속된 광으로 보일 때 점멸주파수이다. 점멸융합주파수는 피곤함에 따라 빈도가 감소하기 때문에 중추신경계의 피로, 즉 '정신피로'의 척도로 사용될 수 있다. 잘 때나 멍하게 있을 때 CFF가 낮고, 마음이 긴장되었을 때나 머리가 맑을 때 높아진다.

9 비행기의 왼쪽과 오른쪽에 엔진이 있고 왼쪽 엔진의 신뢰도는 0.7이고, 오른쪽 엔진의 신뢰도는 0.8이며, 양쪽의 엔진이 고장나야 에러가 일어나 비행기가 추락하게 된다고 할 때, 이 비행기의 신뢰도를 구하시오.

풀이 **설비의 신뢰도**

비행기의 엔진시스템은 병렬시스템이므로

$$R = 1 - \prod_{i=1}^{n}(1 - R_i) = 1 - (1 - 0.7) \times (1 - 0.8) = 0.94$$

10 인체동작의 유형 중 굴곡(flexion), 외전(abduction), 회내(pronation)에 대하여 설명하시오.

풀이 **인체동작의 유형**

(1) 굴곡(flexion): 팔꿈치로 팔굽히기 할 때처럼 관절에서의 각도가 감소하는 인체부분의 동작

(2) 외전(abduction): 팔을 옆으로 들 때처럼 인체 중심선(midline)에서 멀어지는 측면에서의 인체부위의 동작

(3) 회내(pronation): 손과 전완의 회전의 경우에는 손바닥이 아래로 향하도록 하는 인체부분의 동작

11 작업자가 한 손을 사용하여 무게(W_L)가 100 N인 작업물을 들고 있다. 물체의 쥔 손에서 팔꿈치까지의 거리는 30 cm이고, 손과 아래팔의 무게(W_L)는 10 N이며, 손과 아래팔의 무게중심은 팔꿈치로부터 15 cm에 위치해 있다. 팔꿈치에 작용하는 모멘트는 얼마인지 구하시오.

풀이 **모멘트**

$\sum M = 0$ (모멘트 평형방정식)

$(F_1(= W_L) \times d_1) + (F_2(= W_A) \times d_2) + M_E(= 팔꿈치\ 모멘트) = 0$

$(-100N \times 0.30\,\mathrm{m}) + (-10N \times 0.15\,\mathrm{m}) + M_E = 0$

따라서, $M_E = 31.5$ Nm

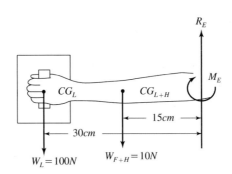

12 소음관리 대책을 5가지 이상 서술하시오.

풀이 **소음관리 대책**

소음관리 대책은 다음과 같다.
(1) 소음원의 통제: 기계의 적절한 설계, 적절한 정비 및 주유, 기계에 고무 받침대 부착, 차량에는 소음기를 사용
(2) 소음의 격리: 덮개, 방, 장벽을 사용(집의 창문을 닫으면 약 10 dB 감음된다.)
(3) 차폐장치 및 흡음재료 사용
(4) 음향 처리제 사용
(5) 적절한 배치
(6) 방음 보호구 사용: 귀마개와 귀덮개
(7) BGM(Back Ground Music): 배경음악(60±3 dB)

13 NIOSH에서 RWL과 관련하여 HM, VM, DM에 관해서 설명하시오. 반드시 각각의 계수가 '0'이 되는 조건을 포함하여 서술하시오.

풀이 **NLE의 계수**

(1) HM(수평계수): 발의 위치에서 중량물을 들고 있는 손의 위치까지의 수평거리이다.
$$HM = 25/H \, (25 \sim 63 \text{ cm})$$
$$= 1 \, (H \leq 25 \text{ cm})$$
$$= 0 \, (H \geq 63 \text{ cm})$$

(2) VM(수직계수): 바닥에서 손까지의 거리(cm)로 들기 작업의 시작점과 종점의 두 군데서 측정한다.
$$VM = 1 - (0.003 \times |V - 75|) \, (0 \leq V \leq 175)$$
$$= 0 \, (V > 175 \text{ cm})$$

(3) DM(거리계수): 중량물을 들고 내리는 수직 방향의 이동거리의 절댓값이다.
$$DM = 0.82 + 4.5/D \, (25 \sim 175 \text{ cm})$$
$$= 1 \, (D \leq 25 \text{ cm})$$
$$= 0 \, (D \geq 175 \text{ cm})$$

14 산업안전보건법에서 정한 안전관리자의 업무 5가지를 쓰시오(단, 기타 안전에 관한 사항으로서 고용노동부 장관이 정하는 사항은 제외한다).

풀이 **안전관리자의 업무**

산업안전보건법에서 정한 안전관리자의 업무는 다음과 같다.
(1) 산업안전보건위원회 또는 안전 및 보건에 관한 노사협의체에서 심의·의결한 업무와 해당 사업장의 안전보건

관리규정 및 취업규칙에서 정한 업무

(2) 위험성평가에 관한 보좌 및 지도·조언
(3) 안전인증대상기계 등과 자율안전확인대상기계 등 구입 시 적격품의 선정
(4) 해당 사업장 안전교육계획의 수립 및 안전교육 실시에 관한 보좌 및 지도·조언
(5) 사업장 순회점검, 지도 및 조치 건의
(6) 산업재해발생의 원인조사·분석 및 재발 방지를 위한 기술적 보좌 및 지도·조언
(7) 산업재해에 관한 통계의 유지·관리·분석을 위한 보좌 및 지도·조언
(8) 법 또는 법에 따른 명령으로 정한 안전에 관한 사항의 이행에 관한 보좌 및 지도·조언
(9) 업무 수행 내용의 기록·유지

15 인간의 오류 중 착오, 실수, 건망증에 대해 설명하시오.

(1) 착오:

(2) 실수:

(3) 건망증:

풀이 **휴먼에러의 유형**

(1) 착오: 부적합한 의도를 가지고 행동으로 옮긴 경우
(2) 실수: 의도는 올바른 것이지만 반응의 실행이 올바른 것이 아닌 경우
(3) 건망증: 여러 과정이 연계적으로 일어나는 행동을 잊어버리고 안하는 경우

16 근골격계질환(MSDs)의 요인 중 작업특성 요인을 5가지 쓰시오.

풀이 **근골격계질환의 요인 중 작업특성 요인**

근골격계질환의 요인 중 작업특성 요인은 다음과 같다.
(1) 반복성
(2) 부자연스런/취하기 어려운 자세
(3) 과도한 힘
(4) 접촉스트레스
(5) 진동
(6) 온도, 조명 등 기타 요인

17 손가락 둘레 데이터 20개가 있다. 5퍼센타일의 값을 구하시오(단, 데이터는 정규분포를 따르지 않는다).

5.4	4.0	3.1	5.0	4.5	4.7	6.0	5.1	5.3	3.6
4.2	4.9	5.7	6.4	3.9	4.2	5.1	5.1	5.3	3.9

(풀이) **인체측정치의 응용**

20(데이터 개수)×5퍼센타일 = 1, 값이 정수이므로 오름차순으로 1번째 값을 찾는다.
따라서, 5퍼센타일 값은 3.1 이다.

18 다음의 물음에 답하시오.

(1) OWAS 평가항목을 쓰시오.

(2) RULA에서 평가하는 신체부위를 쓰시오.

(풀이) **OWAS와 RULA**

(1) 허리, 팔, 다리, 하중
(2) 윗팔, 아래팔, 손목, 목, 몸통, 다리

인간공학기사 실기시험 예상문제 4회

1 4구의 가스불판과 점화(조종)버튼의 설계에 대한 다음의 질문에 답하시오.

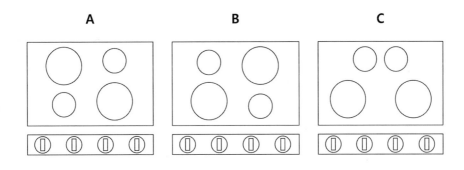

(1) 다음과 같은 가스불판과 점화(조종)버튼을 설계할 때의 인간공학적 설계원칙을 적으시오.

(2) 휴먼에러가 가장 적게 일어날 최적방안과 그 이유를 간단히 적으시오.

풀이 양립성

(1) 공간양립성
(2) 최적방안: C안
이유: 표시장치와 이에 대응하는 조종장치 간의 실체적(physical) 유사성이나 이들의 배열 혹은 비슷한 표시(조종)장치 군들의 배열 등이 공간적 양립성과 관계된다.

2 11개 공정의 소요시간이 다음과 같을 때 물음에 답하시오.

1공정	2공정	3공정	4공정	5공정	6공정	7공정	8공정	9공정	10공정	11공정
2분	1.5분	3분	2분	1분	1분	1.5분	1.5분	1.5분	2분	1분

(1) 주기시간을 구하시오.

(2) 시간당 생산량을 구하시오.

(3) 공정효율을 구하시오.

(풀이) **라인밸런싱**

(1) 가장 긴 공정이 3분이므로 주기시간은 3분
(2) 1개에 3분 걸리므로 60분/3분 = 20개
(3) 공정효율(%) = $\dfrac{\text{총 작업시간}}{\text{작업장 수} \times \text{주기시간}} \times 100$

$= \dfrac{2+1.5+3+2+1+1+1.5+1.5+1.5+2+1}{11 \times 3} \times 100$

$= 55\%$

3 닐슨(Nielsen)의 사용성 정의 5가지를 기술하시오.

(풀이) **닐슨(Nielsen)의 사용성 정의**

닐슨(Nielsen)의 사용성 정의 5가지는 다음과 같다.
(1) 학습용이성(Learnability): 초보자가 제품의 사용법을 얼마나 배우기 쉬운가를 나타낸다.
(2) 효율성(Efficiency): 숙련된 사용자가 원하는 일을 얼마나 빨리 수행할 수 있는가를 나타낸다.
(3) 기억용이성(Memorability): 오랜만에 다시 사용하는 재사용자들이 사용방법을 얼마나 기억하기 쉬운가를 나타낸다.
(4) 에러빈도 및 정도(Error Frequency and Severity): 사용자가 에러를 얼마나 자주 하는가와 에러의 정도가 큰지 작은지 여부, 그리고 에러를 쉽게 만회할 수 있는지를 나타낸다.
(5) 주관적 만족도(Subjective Satisfaction): 제품에 대해 사용자들이 얼마나 만족하게 느끼고 있는가를 나타낸다.

4 다음 그림을 보고 물음에 답하시오.

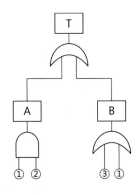

(1) 미니멀 컷셋(minimal cut set)을 구하시오.

(2) P(1) = 0.3, P(2) = 0.2, P(3) = 0.2일 때, T값을 구하시오.

> **풀이** **결함나무분석(Fault Tree Analysis; FTA)**

(1) 미니멀 컷셋(minimal cut set)
　가. 컷셋(cut set): 정상 사상을 일으키는 기본 사상의 집합
　나. 미니멀 컷셋(minimal cut set): 컷셋 중에서 정상 사상을 일으키기 위하여 필요한 최소한의 컷셋(cut set)

$$T = \frac{A}{B} = \frac{1 \cdot 2}{B} = \begin{matrix} 1 \cdot 2 \\ 3 \\ 1 \end{matrix}$$

　이 경우의 cut set은 (1 · 2), (3), (1) 이다.
　따라서, 미니멀 컷셋(minimal cut set)은 (1), (3) 이다.

(2) P(A) = 0.3×0.2 = 0.06
　P(B) = 1−(1−0.2)(1−0.3) = 0.44
　P(T) = 1−(1−0.06)(1−0.44) = 0.47

5 사다리의 한계중량 설계가 아래와 같이 주어졌을 경우 다음의 각 질문에 답하시오(단, $Z_{0.01}$ = 2.326, $Z_{0.05}$ = 1.645).

	평균	표준편차	최대치	최소치
남	70.1 kg	9	93.6 kg	50.9 kg
여	54.8 kg	4.49	77.6 kg	41.5 kg

(1) 한계중량을 설계할 때 적용해야 할 응용원칙과 그 이유를 쓰시오.

(2) 응용한 설계원칙에 따라 사다리의 한계중량을 계산하시오.

풀이 인체측정 자료의 응용원칙

(1) 가. 응용원칙: 극단적 설계를 이용한 최대치수 적용
　　나. 이유: 한계중량을 설계할 때 측정중량의 최대집단값을 이용하여 설계하면 그 이하의 모든 중량은 수용할
　　　수 있기 때문이다.

(2) 설계원칙에 따라 최대집단값을 이용하여 설계하므로, 99%ile의 값($Z_{0.01}$)을 사용한다.
　　%ile인체치수 = 평균+(표준편차×%ile계수) = 70.1+(9×2.326) = 91.03
　　따라서, 사다리의 한계중량은 91.03 kg이다.

---

6 웨버(Weber)의 비가 1/60 이면, 길이가 20 cm인 경우 직선상에 어느 정도의 길이에서 감지
할 수 있는지 쓰시오.

풀이 웨버의 법칙(Weber's law)

웨버의 비 = $\dfrac{\text{변화감지역}}{\text{기준자극의 크기}}$

$\dfrac{1}{60} = \dfrac{x}{20}$

따라서, $x = 0.33$ cm

---

7 시각적, 청각적 표시장치를 사용해야하는 경우를 각각 3가지씩 적으시오.

풀이 청각장치와 시각장치 사용의 특성

(1) 시각적 표시장치가 청각적 표시장치보다 이로운 경우
　　가. 전달정보가 복잡하고 길 때
　　나. 전달정보가 후에 재 참조될 경우
　　다. 전달정보가 공간적인 위치를 다룰 때
　　라. 전달정보가 즉각적인 행동을 요구하지 않을 때
　　마. 수신자의 청각 계통이 과부하 상태일 때
　　바. 수신 장소가 시끄러울 때
　　사. 직무상 수신자가 한곳에 머무르는 경우

(2) 청각적 표시장치가 시각적 표시장치보다 이로운 경우

    가. 전달정보가 간단하고 짧을 때

    나. 전달정보가 후에 재 참조되지 않을 경우

    다. 전달정보가 시간적인 사상을 다룰 때

    라. 전달정보가 즉각적인 행동을 요구할 때

    마. 수신자의 시각 계통이 과부하 상태일 때

    바. 수신 장소가 너무 밝거나 암조응 유지가 필요할 때

    사. 직무상 수신자가 자주 움직이는 경우

8 조종장치의 손잡이 길이가 10 cm이고 30도 움직였을 때 표시장치에서 1 cm가 이동하였다. C/R비는 얼마인지 쓰시오.

(풀이) **조종-반응비율(Control-Response Ratio)**

$$C/R비 = \frac{(a/360) \times 2\pi L}{표시장치\ 이동거리}$$

    여기서, a: 조종장치가 움직인 각도

            L: 반지름(조종장치의 길이)

$$C/R비 = \frac{(30/360) \times (2 \times 3.14 \times 10)}{1} = 5.23$$

9 인간-기계 시스템의 설계 6단계를 기술하시오.

(풀이) **인간-기계 시스템의 설계**

인간-기계 시스템의 설계 6단계는 다음과 같다.

(1) 제 1단계: 목표 및 성능명세 결정

(2) 제 2단계: 시스템의 정의

(3) 제 3단계: 기본설계

(4) 제 4단계: 인터페이스 설계

(5) 제 5단계: 촉진물 설계

(6) 제 6단계: 시험 및 평가

10 다음의 그림을 보고, 작업상의 문제점을 지적하고 개선방안을 제시하시오.

(개선 전)

(풀이) **유해요인의 공학적 개선**

문제점	개선방안
수평면 작업에서 "ㄱ"자형 수공구를 사용함으로써 작업자의 손목꺾임이 발생한다.	수평면 작업에 적당한 "1"자형 수공구를 사용하여 손목의 부자연스러운 자세를 제거한다.

(개선 후)

11 감성공학에서 인간이 어떤 제품에 대해 가지는 이미지를 물리적 설계요소로 번역해 주는 방법을 쓰시오.

> **풀이** **감성공학**

(1) 감성공학 Ⅰ류

SD법(Semantic Difference ; SD)으로 심상을 조사하고, 그 자료를 분석해 심상을 구성하는 설계요소를 찾아내는 방법이다. 주택, 승용차, 유행 의상 등 사용자의 감성에 의해 제품이 선택될 기회가 많은 대상에 대하여 어떠한 감성이 어떠한 설계요소로 번역되는지에 관한 자료기반(Data Base)을 가지며, 그로부터 의도적으로 제품개발을 추진하는 방법이다

(2) 감성공학 Ⅱ류

감성어휘로 표현했을지라도 성별이나 연령차에 따라 품고 있는 이미지에는 다소의 차이가 있게 된다. 특히, 생활양식이 다르면 표출하고 있는 이미지에 커다란 차이가 존재한다. 연령, 성별, 연간 수입 등의 인구 통계적(Demographic) 특성 이외에 생활양식 등을 포함하여 이러한 관련성으로부터 그 사람의 이미지를 구체적으로 결정하는 방법을 감성공학 Ⅱ류라고 한다.

(3) 감성공학 Ⅲ류

감성어휘 대신에 평가원(Panel)이 특정한 시제품을 사용하여 자기의 감각 척도로 감성을 표출하고, 이에 대하여 번역 체계를 완성하거나 혹은 제품개발을 수행하는 방법을 감성공학 Ⅲ류라고 한다.

12 ECRS 작업개선 방법에 대해 설명하시오.

> **풀이** **작업개선의 원칙**

(1) 제거(Eliminate) : 불필요한 작업, 작업요소의 제거
(2) 결합(Combine) : 다른 작업, 작업요소와의 결합
(3) 재배열(Rearrange) : 작업순서의 변경
(4) 단순화(Simplify) : 작업, 작업요소의 단순화, 간소화

13 산업안전보건법상 유해요인조사를 실시하는 경우를 쓰시오.

> **풀이** **유해요인조사를 실시하는 경우**

(1) 사업주는 매 3년 이내에 정기적으로 유해요인조사를 실시한다.
(2) 사업주는 다음 각 호에서 정하는 경우에는 수시로 유해요인조사를 실시한다.
　　가. 산업안전보건법에 의한 임시건강진단 등에서 근골격계질환자가 발생하였거나 산업재해보상보험법에 의한 근골격계질환자가 발생한 경우
　　나. 근골격계 부담작업에 해당하는 새로운 작업, 설비를 도입한 경우

다. 근골격계 부담작업에 해당하는 업무의 양과 작업공정 등 작업환경을 변경한 경우

14 여성 근로자의 8시간 조립작업에서 대사량을 측정한 결과 산소소비량이 1.2 L/min으로 측정되었다. 여성 근로자의 휴식시간을 구하시오.

> (풀이) **휴식시간의 산정**

(1) 휴식시간: $R = T\dfrac{(E-S)}{(E-1.5)}$

　　　여기서, T: 총 작업시간(분)

　　　　　　　E: 해당 작업의 에너지소비량(kcal/min)

　　　　　　　S: 권장 에너지소비량 (kcal/min)

　　　　　　　　（권장 에너지소비량의 경우, 남성은 5 kcal/min, 여성은 3.5 kcal/min 으로 계산）

(2) 해당 작업의 에너지소비량 = 분당 산소소비량×산소 1 L당 에너지소비량

　　　　　　　　　　　　　　= 1.2 L/min×5 kcal/min = 6 kcal/min

(3) 휴식시간 = $480 \times \dfrac{(6-3.5)}{(6-1.5)}$ = 266.67분

15 안전관리의 재해예방의 기본 원칙 5가지를 쓰시오.

> (풀이) **재해예방의 5단계**

재해예방의 5단계는 다음과 같다.

(1) 제 1단계(조직): 경영자는 안전 목표를 설정하여 안전관리를 함에 있어 맨 먼저 안전 관리 조직을 구성하여 안전활동 방침 및 계획을 수립하고 전문적 기술을 가진 조직을 통한 안전활동을 전개함으로써 근로자의 참여 하에 집단의 목표를 달성하도록 하여야 한다.

(2) 제 2단계(사실의 발견): 조직편성을 완료하면 각종 안전사고 및 안전활동에 대한 기록을 검토하고 작업을 분석하여 불안전요소를 발견한다. 불안전요소를 발견하는 방법은 안전점검, 사고조사, 관찰 및 보고서의 연구, 안전토의, 또는 안전회의 등이 있다.

(3) 제 3단계(평가분석): 발견된 사실, 즉 안전사고의 원인분석은 불안전요소를 토대로 사고를 발생시킨 직접적 및 간접적 원인을 찾아내는 것이다. 분석은 현장조사 결과의 분석, 사고보고, 사고기록, 환경조건의 분석 및 작업공장의 분석, 교육과 훈련의 분석 등을 통해야 한다.

(4) 제 4단계(시정책의 선정): 분석을 통하여 색출된 원인을 토대로 효과적인 개선방법을 선정해야 한다. 개선방안에는 기술적 개선, 인사조정, 교육 및 훈련의 개선, 안전행정의 개선, 규정 및 수칙의 개선과 이행 독려의 체제강화 등이 있다.

(5) 제 5단계(시정책의 적용): 시정방법이 선정된 것만으로 문제가 해결되는 것이 아니고 반드시 적용되어야 하며, 목표를 설정하여 실시하고 실시결과를 재평가하여 불합리한 점은 재조정되어 실시되어야 한다. 시정책은 교육, 기술, 규제의 3E 대책을 실시함으로써 이루어진다.

16 Swain의 인간오류 4가지를 쓰시오.

(풀이) **휴먼에러의 심리적 분류**

Swain의 인간오류는 다음과 같다.
(1) 부작위 에러(omission error): 필요한 작업 또는 절차를 수행하지 않는 데 기인한 에러
(2) 작위 에러(commission error): 필요한 작업 또는 절차의 불확실한 수행으로 인한 에러
(3) 시간 에러(time error): 필요한 작업 또는 절차의 수행 지연으로 인한 에러
(4) 순서 에러(sequence error): 필요한 작업 또는 절차의 순서 착오로 인한 에러
(5) 불필요한 행동 에러(extraneous error): 불필요한 작업 또는 절차를 수행함으로써 기인한 에러

17 다음 조건의 들기작업에 대해 NLE를 구하시오.

작업물 무게	HM	VM	DM	AM	FM	CM
8 kg	0.45	0.88	0.92	1.00	0.95	0.80

(1) RWL을 구하시오.

(2) LI를 구하시오.

(3) 조치수준을 설명하시오.

(풀이) **NLE(NIOSH Lifting Equation)**
(1) RWL = LC×HM×VM×DM×AM×FM×CM

$$= 23 \times 0.45 \times 0.88 \times 0.92 \times 1.00 \times 0.95 \times 0.80$$
$$= 6.37 \text{ kg}$$

(2) LI = 작업물 무게/RWL
$$= 8 \text{ kg}/6.37 \text{ kg}$$
$$= 1.26$$

(3) 조치수준: LI가 1보다 크므로 이 작업은 요통발생의 발생위험이 높다. 따라서 들기 지수(LI)가 1 이하가 되도록 작업을 설계/재설계할 필요가 있다.

18 산업안전보건법령상 산업재해 예방을 위하여 종합적인 개선조치가 필요하다고 인정하여 사업주에게 안전보건개선계획을 수립, 시행하도록 명할 수 있는 사업장을 [보기]에서 모두 고르시오.

보기

ㄱ. 산업재해율이 같은 업종의 규모별 평균 산업재해율보다 높은 사업장
ㄴ. 사업주가 필요한 안전조치 또는 보건조치를 이행하지 아니하여 중대재해가 발생한 사업장
ㄷ. 대통령령으로 정하는 수 이상의 직업성 질병자가 발생한 사업장
ㄹ. 유해인자 노출기준의 노출기준을 초과한 사업장

풀이) **안전보건개선계획을 수립하여야 할 사업장**
정답은 ㄱ, ㄴ, ㄷ, ㄹ 이다.